产品专题设计

任成元 主编

清华大学出版社
北 京

图书在版编目(CIP)数据

产品专题设计 / 任成元主编. — 北京：清华大学出版社，2017 (2025.1重印)
ISBN 978-7-302-45913-2

Ⅰ. ①产… Ⅱ. ①任… Ⅲ. ①产品设计 Ⅳ. ①TB472

中国版本图书馆 CIP 数据核字（2016）第 302463 号

责任编辑：王佳爽
封面设计：任成元
责任校对：王凤芝
责任印制：丛怀宇

出版发行：清华大学出版社
网 址：https://www.tup.com.cn，https://www.wqxuetang.com
地 址：北京清华大学学研大厦 A 座 邮 编：100084
社 总 机：010-83470000 邮 购：010-62786544
投稿与读者服务：010-62776969，c-service@tup.tsinghua.edu.cn
质 量 反 馈：010-62772015，zhiliang@tup.tsinghua.edu.cn
印 装 者：北京嘉实印刷有限公司
经 销：全国新华书店
开 本：170mm×240mm 印 张：11.75 字 数：184 千字
版 次：2017 年 4 月第 1 版 印 次：2025 年 1 月第10次印刷
定 价：40.00 元

产品编号：072349-01

前　言

本书结合当今社会、经济、人文发展趋势，选取目前人们最为关注的文化、能源、绿色、智能、互联网5个专题进行系统解读，并举例详解每一个专题产品设计的市场需求、设计方法、思维理念、发展趋势等。5个专题是目前用户市场最为流行，就业人才市场最为需求，又具备前瞻性的5个门类，也是产品设计的教学、企业品牌创建、考研设计题等关注的核心。

现代产品设计是技术与现代美学、材料学、计算机应用、社会心理学等相结合的一种应用性较强的综合性设计艺术门类。它集合了结构、形态、功能、方式等于一身，广泛应用于轻工、交通、环境、纺织、电子信息等行业，对于推进经济建设、制造业、创意产业等具有其不可替代的作用。它是一种创造性活动，强调以人为本，设计师通过运用设计方法创造出具有一定品质的产品，注重设计价值，注重艺术设计品质，注重满足人们的生活需求，提升生活质量。

当前，产品设计专业在设计学领域蒸蒸日上，被人们广泛认可。本专业培养掌握专业基础理论、相关学科领域理论知识与专业技能，并培养学生的创新能力和设计实践能力，适应市场需求和产品设计行业发展需要，掌握产品设计专业系统的基础理论和设计专业知识及综合性的设计创意实践技能，具备良好的思想品德和人文素养，具备社会责任意识，创新意识、团队意识的高素质综合交叉型产品设计应用型人才。

本书主要选取了5项专题进行详细的解读，并且在其中列举了一些优秀的设计作品表明观点，同时也包含笔者设计的优秀实践案例。各章的主要内容如下：第一章文化专题分为6节，依次是文化与产品设计概述、地域文化在产品设计中的运用与实践、民族文化在产品设计中的运用与实践、传统文化在产品设计中的运用与实践、流行文化在产品设计中的运用与实践、企业文化在产品设计中的表现；第二章新能源专题分为4节，依次是新能源与产品设计概述、太阳能在产品设计中的运用与实践、风能在产品设计中的运用与实践、动能在产品设计中的运用与实践；第三章绿色设计专题分为5节，依次是绿色设计概述、绿色材料在产品设计中的运用与实践、多功能理念在产品设计中的运用与实践、模块化思维在产品设计中的运用与实践、废弃物再利用设计实践；第四章互联网交互专题分为4节，依次是产品交互设计概述、公共设施交互设计研究与实践、可穿戴产品交互设计研究与实践、社区产品交互设计研究与实践；第五章人工智能专题分为4节，依次是产品智能化设计概述、家庭智能产品设计研究与实践、公共服务智能产品设计研究与实践、交通工具智能产品设计研究与实践。书中尽可能详细地表达了笔者自己的观点，如有不足之处，请读者指正。

编写这部书的初衷，是经过多年对该专业的学习与实践，不断探索研究，在热衷教学与科研的历程中总结成果资料，为产品设计专业的学生提供帮助。也为设计学学科的艺术设计爱好者们提供参考。在本书编写过程中，感谢宋千策、杜金玲等人的帮助，也感谢身边每一位支持我的朋友！

任成元
天津工业大学
2016年9月15日

acpdesign@163.com

目　录

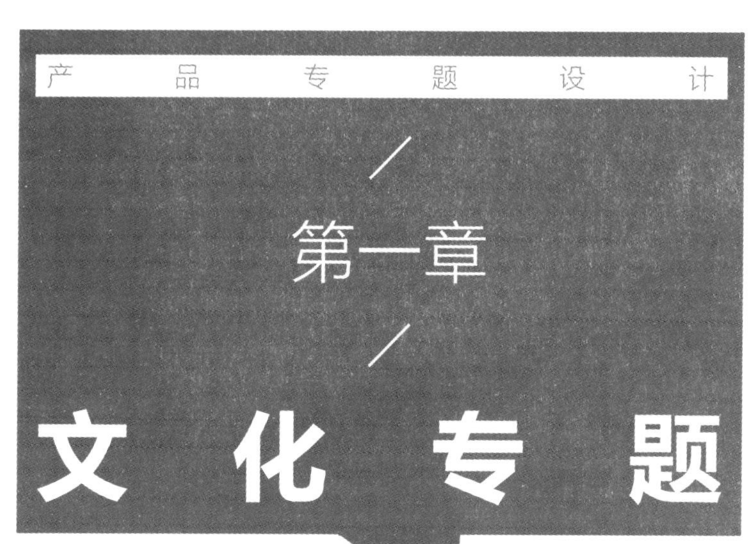

产　品　专　题　设　计

第一章

文 化 专 题

文化是一个非常广泛和最具人文意味的概念，文化是一种社会现象，它是由人类长期创造形成的产物，同时又是一种历史现象，是人类社会与历史的积淀物。确切地说，文化是凝结在物质之中又游离于物质之外的，能够传承国家或民族的历史、地理、风土人情、传统习俗、生活方式、文学艺术、行为规范、思维方式、价值观念等，它是人类相互之间进行交流的普遍认可的一种能够传承的意识形态，是对客观世界感性上的知识与经验的升华。

本专题是将产品作为设计载体通过设计创意、方式方法、实施手段等有效传递文化信息，赋予产品内涵，提升产品价值，提高人们的生活品质。

1.1 文化与产品设计概述

文化是一种生活形态，设计是一种生活品位。赋有文化内涵的产品，是凝结了文化精髓与产品相互融合，向民众传递产品理念的介质，彰显文化产品设计魅力。

文化产品设计基本上是一个设计的转换过程，主要目的是将文化特性转换为产品特色的程序。例如，以中国文化为代表的中国风设计把中国现代的元素和传统的文化统一，融入人们生活中的每一个角落，人们仿佛远离都市的喧嚣，回到浓郁的中华文化家园，聆听着历史的诉说。

三星“福韵”系列显示器在外观设计方面融入了很多的中国元素。如图 1.1 所示，三星“福韵” B360 显示器外观简洁，正面呈现暗红色，透明支架以及背后有福字组成的纹路，机身背部左下角还有红色的“福印”，象征着好运、洪福。B360 的定位主要是大众用户群体。如图 1.2 所示，三星“福韵”系列 B560 显示器主要面向中高端用户人群，可以看到这款产品在外观修饰上更加精致一些，比如金色边框，细心的朋友会发现金色边框里面还有精细的纹路。三星 B560 的背部也与众不同，中间有一个大的圆形福字，并且福字两侧是

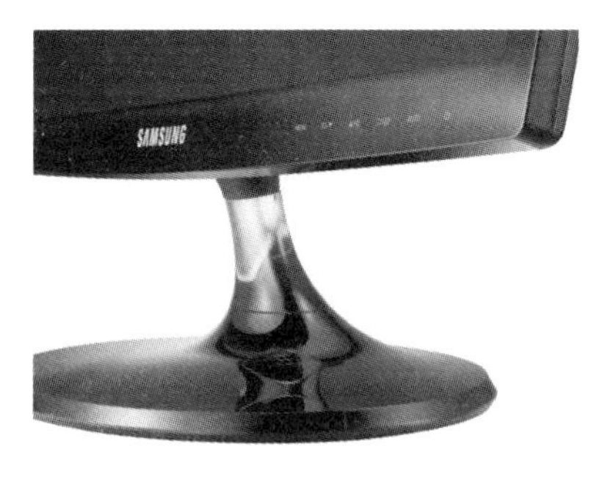

图 1.1　三星“福韵”B360 显示器

图 1.2　三星“福韵”B560 显示器

龙的图案，更凸显“中国味”。三星设计团队成功地将蕴含中国文化的传统“韵”味与具备现代科技的显示器进行了奇妙的融合，保持三星产品一贯坚持的差异化设计和优秀性能的同时，以精美的产品设计准确地传递着深具韵味的中国式祝福，这种“看得见的幸福”深受媒体和消费者的认可。三星韩国设计师讲到：中国“福”文化对于中国人来说源远流长，意义非凡。古时五福即是“一曰寿，二曰富，三曰康宁，四曰攸好德，五曰考终命”，是不同阶层的人不同追求的统一体；而当今社会的“福”则更多地被理解为：幸福、祝福，基本成为人们生活追求的恒定值。

中国传统图案有其内在的文化含义、象征、寓意和精髓。这些图案成为人们表达对美好生活的憧憬和祝愿的一种载体。三星福韵液晶显示器把多年来一直受到大家喜爱的传统“龙”图案和“福”字运用到其中，表达产品的情感和思想，将一种高洁、富贵、儒雅的精神气质带到家居生活氛围当中。

再例如海尔的一款双动力波轮洗衣机，如图 1.3 所示，采用红色来装饰机顶盖，而中国文化传统中红色有着特殊的象征意义，中国人对这一颜色有着不同寻常的情感。其外观简约风尚，洗衣机上设有操控面板，简洁明了，LED 显示屏可实时呈现洗涤信息，并配有独特的双动力洗涤技术。在洗衣时，该洗衣机的波轮和内筒会有两个力来驱动，可进行双向旋转，产生强大水流，使洗衣达到理想的洁净效果。有特别需求的用户，可自行设定漂洗次数、浸泡、洗涤、脱水时间。

当前，国家大力推进文化创意和设计服务与相关产业融合发展的战略，进一步提升文化产业领域创业创意水平，充分发挥文化创意和设计服务在助推经济转型升级、提升产业竞争力、提高人民群众生活质量和增强文化软实力等方面的重要作用。加快文化创意产业人才与经济相关领域融合发展，为

图 1.3　海尔洗衣机

创意设计人才和相关企业搭建良好的平台，为创意产品走向市场打开一扇新的大门。

文化创意产品主要是指文化创意产业中产出的制品。文化创意产品区别于大多数一般产品的特殊性主要在于它的文化创意内容，这是文化创意产品的核心价值。文化创意产品的属性可以分为两个方面：一是文化创意价值属性；二是经济价值属性。文化创意价值属性是指文化创意产品所表达的人类精神活动内涵及其影响。文化创意产品通过定价和售卖，把无形资本转换为有形的货币价值，带来直接和间接的经济增长以及就业增长，这些经济效益的总和就是文化创意产品的经济价值。

中国台北故宫博物院在文创衍生产品中，可以说做到了极致。如翠玉白菜创意产品，翠玉白菜是中国台北故宫人气宝物，以它为主题的商品一直高居销售榜首，其中“翠玉白菜伞”，半绿、半白，晴雨两用，出门在外算是最吸睛的商品，如图 1.4 所示。

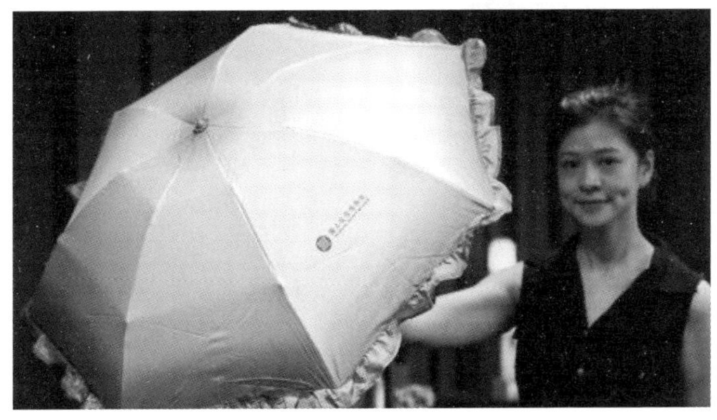

图 1.4　翠玉白菜创意产品设计

下面来看关于日本富士山的创意产品设计。

富士山是日本的象征，白雪皑皑的山顶美丽壮观。一个有着 300 年历史的手工小作坊为可爱的小孩子设计了这双可爱的富士山童袜，这种简单的几何图样和蓝白搭配几乎已经成为富士山的标志，如图 1.5 所示。

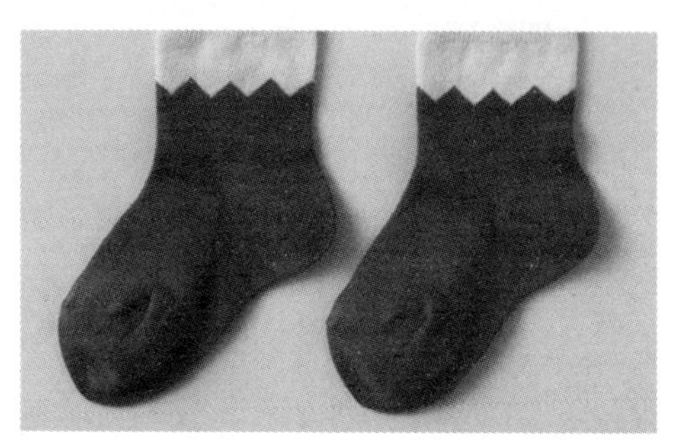

图 1.5　“富士山”袜子

如图 1.6 所示，这款随身携带的抽纸套，图案简约、颜色亮丽。设计师巧妙地把没有顶部的富士山图案印在上面，每当抽取纸巾时，纸巾就会与图案组合成完整的“富士山”，十分有趣。

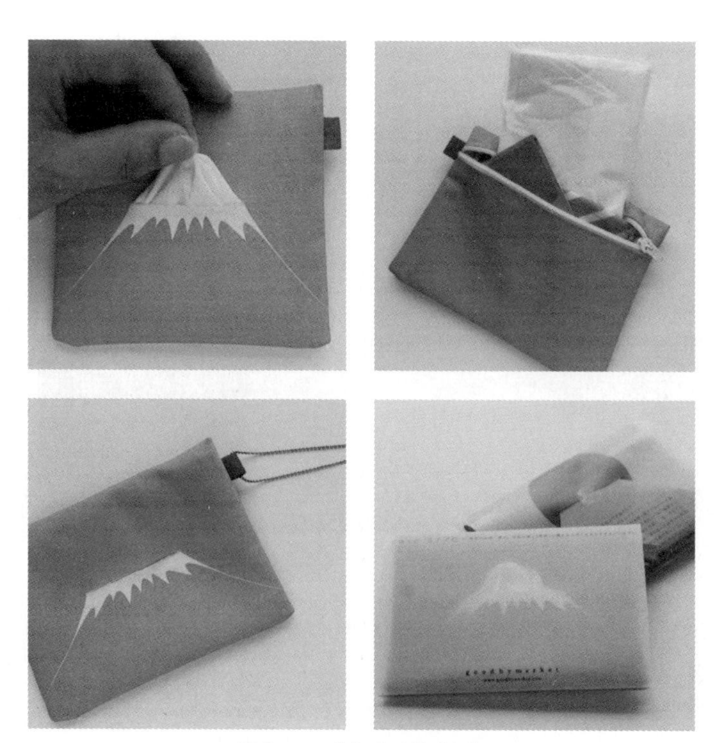

图 1.6　“富士山”纸巾

如图 1.7 所示，这款儿童毛巾中间象征终年不消的积雪，而山体则是清凉无比的天蓝色，只要从中间向上提起，富士山的画面便油然而生。

如图 1.8 所示，这款醋碟出自一位常年生活在富士山脚下的设计师，他将自己的感情与经历倾注其中，才让它散发着独一无二的气质，每次使用它或许都不忍心破坏了这优雅的意境吧。

如图 1.9 所示，这款富士山蜡烛全部由手工制作，白色代表着覆盖于山顶附近的云雾，蓝色是它沉稳神秘的山体，当点燃烛芯之后，温柔的小火光里充满了宁静与温馨，让人倍感舒心。

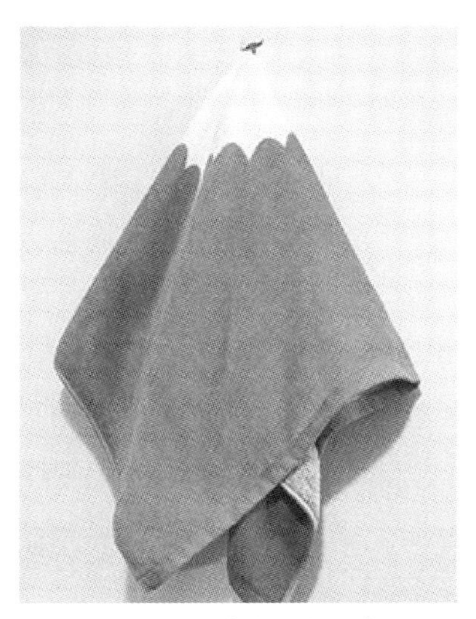

图 1.7　“富士山”毛巾

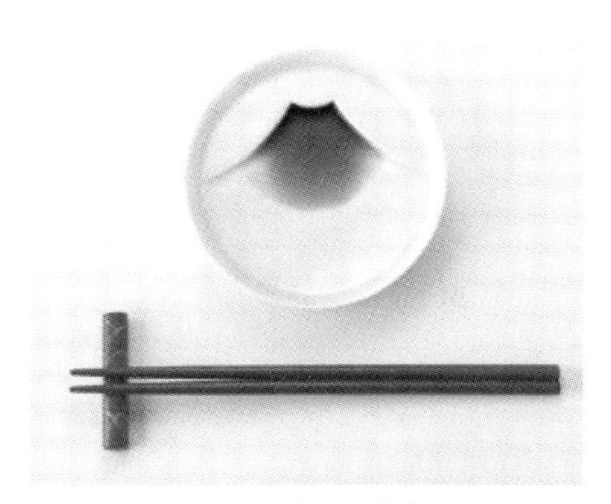

图 1.8　“富士山”餐具

图 1.9　“富士山”蜡烛

如图 1.10 所示，日本静冈县的 SORARINE 公司推出了这样一款富士山茶包“Mt.FUJI TEA BAG”。将其固定于装满茶水的茶杯之上，犹如富士山与河口湖一般，非常有意境。

文化创意产品设计强调的是创新。是文化艺术对经济的支持与推动的新理念、新思潮，属于一种经济实践。它强调的是文化艺术的融合，突出体现创造力，以创新设计、文化的传承创新设计为核心，从而决定了其具有独特的创新性。文化创意设计是整个社会生活水平和文化水平的反映，是人们有更高的生活品质要求的体现，也是社会发展水平的标尺。当前文创为新兴产业，是一种以产品内容为主导的产业形态，它销售、推广的不仅是产品的使用价值，更是产品的文化价值和审美价值，是为了满足人们的精神需求的。

随着文化产业的蓬勃发展，不论是新闻媒介、互联网还是电影，对人们的社会生活所造成的影响越来越大。当前，电影在赢得市场的胜利的同时，电影所要承担的文化使命必然也随着经济指数的提升而提升。推而广之，文化的衍生产品可以被运用在文化产业的各个行业当中，从而成为一种既可宣扬理念，又可获取利益的手段，极大地推动了文化产业的兴盛。在消费心理上，有一部分消费者是因为文化认同而购买衍生产品，也有一些消费者是由于形

图 1.10　“富士山”茶包

成了持续不断的购买习惯而收藏电影衍生产品，还有一些消费者是由于满足感的炫耀。更多的消费者认为电影是视觉的，纵使看再多次仍然无法满足想拥有的心理，而电影衍生产品是有触觉的，是可以感知其实际存在的。电影画面与场景凭借衍生产品实体化，消费者购买电影衍生产品可以借此满足想拥有这部电影的想法与感觉。例如，《美国队长》电影的文化衍生产品——盾牌背包，如图 1.11 所示。电影《美国队长》里的帅哥主角相信有不少粉丝，他手中拿着的盾牌虽然我们没法拥有，不过 Thinkgeek 推出一款美国队长盾牌背包，外形和造工都十分逼真。两条背带都印有 Marvel 和复仇者联盟徽章。

Miloš ‘Mickey’ Vujiči 设计师把椅子和米奇老鼠的耳朵结合，设计了如图 1.12 所示的这个 Mickey 形状的椅子，给生活增添了很多乐趣，鲜艳的颜色让周围也更加绚丽多彩。

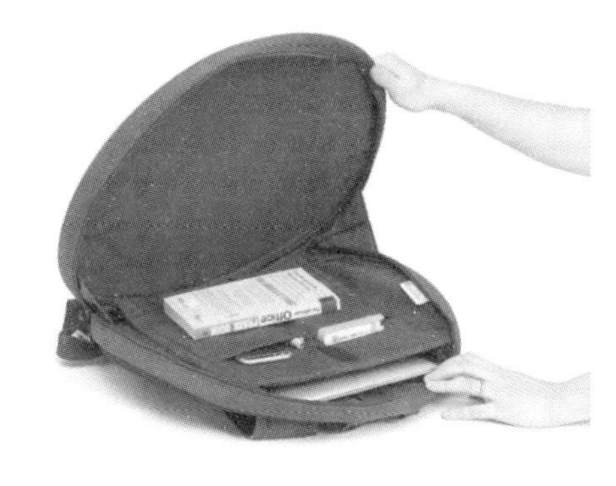

图 1.11　《美国队长》电影的文化衍生产品——盾牌背包

图 1.12　米老鼠座椅

1.2　地域文化在产品设计中的运用与实践

地域文化是指文化在一定的地域环境中与环境相融合打上了地域烙印的一种独特的文化，具有独特性。地域文化的发展既是地域经济社会发展不可忽视的重要组成部分，又是地方经济社会发展的窗口和品牌，也是招商引资和发展旅游等产业的基础性条件。各具特色的地域文化已经成为地域经济社会全面发展不可或缺的重要推动力量。地域文化一方面为地域经济发展提供精神动力、智力支持和文化氛围；另一方面通过与地域经济社会的相互融合，产生巨大的经济效益和社会效益，直接推动社会生产力发展。伴随着知识经济的兴起和经济社会一体化进程的不断加快，地域文化已经成为增强地域经济竞争能力和推动社会快速发展的重要力量。

❶ 承载地域文化的产品设计

人们往往通过该国家、城市、地域的代表性产品来识别一个地域的特色。地域文化的特色便是产品设计中的创意内涵所在，这样的产品设计才具备穿透力。

巴士在英国公共交通系统中一直扮演着举足轻重的角色，每当谈起这个绅士的国度，人们脑海中首先浮现出来的元素，除了那无处不在的米字旗图案，阴晴不定的天气，造型经典的红色电话亭之外，恐怕就是那些已成为街头代表符号、独具特色的巴士了，如图 1.13 所示。

图 1.13　英国巴士与电话亭

“好莱坞”这三个字的出现让人马上就能想到美国，它也是美国文化的象征，它成功做到了体现美国电影的“精、气、神”，并把它传播到了世界，影响了世界。它在世界的大行其道，已是不争的事实。其电影衍生产品更是丰富多彩，传递着内在的文化，如图 1.14 所示。

“榻榻米”汉字记作“叠”，它比草垫子光亮，平展，比草席坚厚，硬实，如图 1.15 所示。日本人十分喜欢榻榻米。日本大多数的家庭，既有放着沙发、茶几、柜子、床、桌子的西式房间，又有铺着榻榻米的和式房间。榻榻米不仅铺在家里，也铺在电影院、大礼堂之类的公共场所。日本人听报告、看电影，盘腿而坐，一动不动可以坚持几个小时。榻榻米还是一种工艺品。日本有一个榻榻米博物馆，里面陈列着榻榻米材料制成的桌椅、茶几、屏风、挂画等，种类之繁多，工艺之精湛，令人叹为观止。

圈椅起源于宋代，其最明显的特征是圈背连着扶手，从高到低一顺而下，

图 1.14　好莱坞电影衍生产品

图 1.15　日本榻榻米

坐靠时可使人的臂膀都倚着圈形的扶手，感到十分舒适，颇受人们喜爱，如图 1.16 所示。圈椅造型圆婉优美，体态丰满劲健，是中华民族独具特色的椅子样式之一。圈椅造型为上圆下方，外圆内方，暗含中国传统文化中的乾坤之说，乾为天为圆，坤为地为方。而外圆内方则是中国传统文化中所崇尚的一种品德，虽在处事上有所圆滑但却内在有所坚持。圈椅是明代家具中最为经典的制作。明代圈椅，造型古朴典雅，线条简洁流畅，制作技艺达到了炉火纯青的境地，“天圆地方”是中国人文化中典型的宇宙观，不但建筑受其影响，也融入到了家具的设计之中。圈椅是方与圆相结合的造型，上圆下方，以圆为主旋律，圆是和谐，圆象征幸福；方是稳健，宁静致远，圈椅完美地体现了这一理念。从审美角度审视，明代圈椅造型美、线条美，与书法艺术有异曲同工之妙，又具有中国泼墨写意画的手法，抽象美产生的视觉效果很符合现代人的审美观点。圈椅的扶手与搭背形成的斜度，圈椅的弧度，座位的高度，这三度的组合，比例协调，构筑了完美的艺术想象空间。

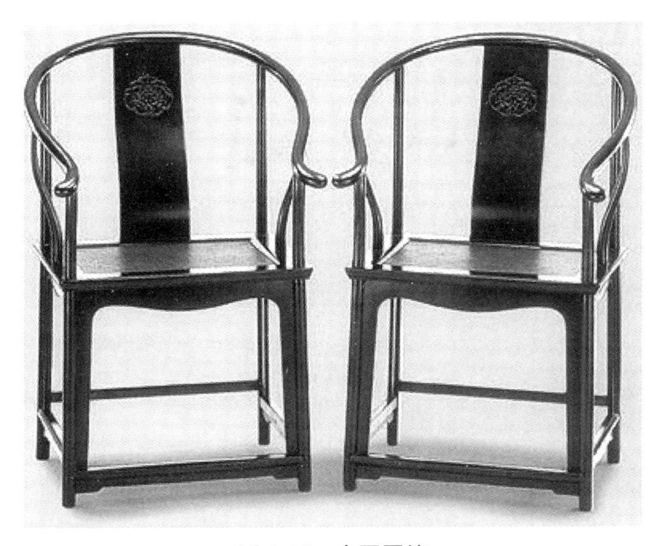

图 1.16　中国圈椅

❷ 旅游纪念品是地域文化最好的载体

当前旅游业是世界上发展最快的新兴产业之一，被誉为“朝阳产业”。它是国民经济的战略性支柱产业。文化旅游购物制造业构成其中的重要环节之一。运用产品创意设计理念和方法顺应当前的现代化科技时代人们的需求，将传统及现代结合并开发，研究购物商品的新表现形式，提出适合市场的设计方向，带动产业升级，使游客的旅游体验更为独特新颖，更大地促进和提高文化价值和社会经济效益，促进整个产业结构的合理化、高度化和现代化。

人民群众日益增长的多样化消费需求为旅游业发展提供了新的机遇，我们应深刻认识旅游产业的丰富内涵，准确把握旅游产业新定位。旅游业是一个由“吃、住、行、游、娱、购”等多种要素组成的综合性产业，其中，旅游购物业是整个旅游产业链中十分重要的环节，在整个旅游行业中占据重要地位。旅游购物不仅是旅游者消费支出中的重要组成部分，也是旅游目的地国家或地区旅游创汇和旅游收入的重要来源。购物商品受旅游消费品质量、价格、消费者主观心理因素以及社会购买力等影响。根据时代的发展和人们的需求变化，旅游纪念品需要不断创新，需要新技术、新原料、新思维、新方法、新战略。要突出文化内涵、地域特色和功能作用，提升产品附加值，成为形象的传播载体。这也是当前旅游制造业应扶持的重点，鼓励创意设计，关注旅游制造业发展。对此，各地域政府积极探索文化创意发展路子，提高自主采用新技术的积极性，以进一步挖掘文化、民间艺术，开发旅游创意，推出旅游特色产品。

目前，旅游购物品同质化严重，设计概念缺乏新意，简单重复传统设计理念，失去了时代元素的特征。我们有必要提出全新的设计概念，即使对现有的旅游购物品也可以通过再设计以增强其地方特色。再通过产学研结合，研发关键技术，加快科技成果转化，创造更多的自主知识产权品牌。目前旅游购物品市场还存在许多问题，如商品缺乏特色和新意，雷同现象，品质低现象，无创新意识，缺乏品牌意识，商品获利空间小，游客重游率低等。目前看来彻底解决以上问题还需要进一步的努力。

例如，如图 1.17 所示的书签设计。地域特色最显著的代表就是其标志性建筑。书签能够帮助人们快速导航至最近看过的页面，但一本书内如果有好多书签便会乱作一团。这几套城市风情书签则以每个城市的标志性建筑物、文化标示为主体，当人们把它们夹到书里时，便形成了一道独具特色的城市天际线，让地域特色蕴含在藏书中。

图 1.17　城市书签

埃菲尔铁塔是一座于 1889 年建成位于法国巴黎战神广场上的镂空结构铁塔，高 300m，天线高 24m，总高 324m。埃菲尔铁塔得名于设计它的桥梁工程师居斯塔夫·埃菲尔。铁塔设计新颖独特，是世界建筑史上的技术杰作，因而成为法国和巴黎的一个重要景点和突出标志。如图 1.18 所示作品巧妙利用其形态与开瓶器结合，添加了使用功能，是一款不错的纪念品。

图 1.18　开瓶器纪念品

如图 1.19 所示，这种啤酒杯是传统的德国式啤酒杯，一般有连着杯身的杯盖，有把手。质地有锡质、陶质、瓷质、玻璃、木制、银质等。杯身外表有美丽的花纹或图画。德国啤酒杯是德国传统啤酒文化的象征，高档的德国啤酒杯大部分由陶瓷制成，外部以浮雕彩绘的方式表述德国本土及荷兰、俄罗斯、法国、捷克、西班牙等国家的名胜古迹、历史文化和故事。德意志帝国时期，德国啤酒杯主要由皇室贵族在宴会上使用，发展至今已成为德国街头酒吧中的个性酒具和闻名世界的旅游工艺品。该产品可作为装饰品、收藏品及礼品，更可作为酒具实际使用。

图 1.19　德国传统啤酒杯

❸ 设计实践

天津具有发展旅游制造业得天独厚的优势。天津既是中国著名的历史文化名城、首批中国优秀旅游城市，又是中国北方最大的沿海开放城市，作为国务院定位的“国际港口城市、北方经济中心和生态城市”，拥有发展旅游制造业的诸多优势。天津的旅游走向了周期化、品牌化、国际化、产品化。其中，中国天津妈祖文化旅游、古文化街金秋旅游、五大道国际风情旅游、意式风情旅游、海河旅游、黄崖关长城旅游、塘沽旅游、汉沽葡萄旅游、杨柳青民俗文化旅游等深受游客欢迎。掀起了“天津人游天津、外地人看天津、外国人访天津”的旅游新热潮。研究天津传统文化内容应以泥人、年画、建筑、风情等为代表，切实把握好人、设计、文化三者之间紧密相关的联系，进行元素符号解构分析，针对传统艺术设计元素的现代创意设计产业化表现研究，将天津文化的、民间的、时代的、科学的艺术相结合，如图 1.20 和图 1.21 所示。如笔者运用天津五大道国外建筑、教堂、城堡的元素结合创新科技材料设计的工艺纪念品，可以根据温度、水蒸气变色，成像栩栩如生，如图 1.22 所示。

图 1.20　天津五大道建筑风情

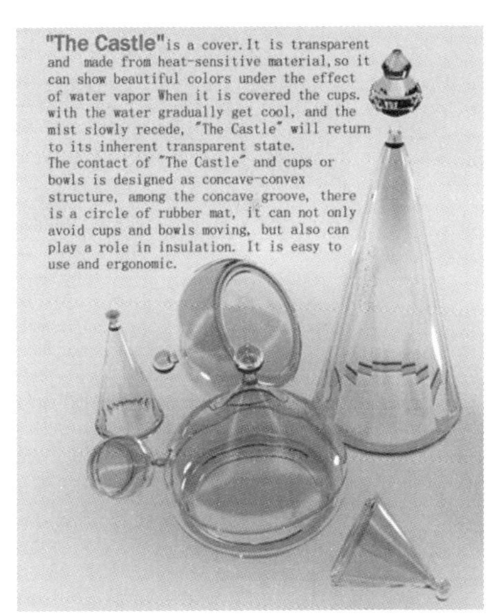

图 1.21　“The Castle”设计

笔者指导学生设计的三件作品中，如图 1.22 所示水壶设计，采用地域人物形象作为素材，表达可爱、俏皮的情趣化的设计内涵。如图 1.23 所示水杯设计，井是中国古代人民为了方便饮水发明的，将中国特有的井与日常生活中不可缺少的水杯造型设计在一起，表达“吃水不忘挖井人”“甘甜净水”等内涵，“饮水思源”的设计理念，从中更加体现了地域文化与产品设计结合的亮点。如图 1.24 所示音箱设计，造型采用国家大剧院的形态，喇叭似“建筑”在水中屹立，中空结构，音乐响起，水面便会出现层层涟漪。

图 1.22　地域人物角色水壶

图 1.23　中国“井”水杯

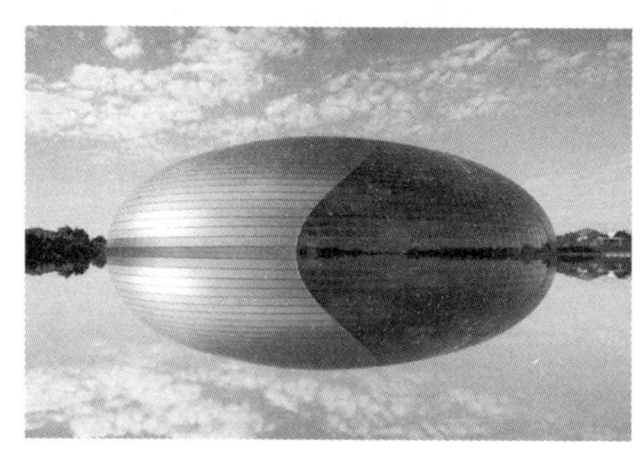

图 1.24　中国大剧院音箱

❹ 设计练习

（1）绘制家乡的地域标志性建筑，分析其形态及内涵。

（2）设计一款家乡地域元素的旅游纪念产品，注意考虑产品的功能性，注重形神兼备及可实现性。

1.3　民族文化在产品设计中的运用与实践

❶ 民族文化的特点

文化，是人类社会历史实践过程中所创造的物质财富和精神财富的总和。同样，民族文化是指整个民族发展历程中有关的物质财富和精神财富的总和。民族文化是各民族在其历史发展过程中创造和发展起来的具有本民族特点的文化，其中包括物质文化和精神文化。民族文化反映该民族历史发展的水平，也是本民族赖以生存发展的文化根基所在。民族文化具有一定的时代性和民族性，涉及艺术、道德、哲学、宗教以及文化的各个方面。民族文化是各民族人民在长期的历史发展过程中所创造、积累、传承的。

我国少数民族民居建筑各具特色，各式各样。云南民族建筑具有多样性、丰富性、原生性及景观独特性等文化特征，反映了各民族人民与自然的和谐，反映了各民族历史上不同的社会形态和家庭结构，还反映了各民族文化类型、文化差异、审美心理、宗教信仰以及对外来文化的兼收并融。云南民族建筑是各民族智慧和创造力的象征，是一份厚重而珍贵的历史文化遗产。云南又号称有色金属王国，富饶的银矿资源为云南银器文化发展提供了坚实的基础。云南是银器打造制作最早的发祥地之一。从历史资料看，早在2500年前的春秋时期，云南的土著民族就已经能制作精美的银器。此后，经历了两汉至唐宋的南昭大理国时期，云南银器工艺的加工已日臻成熟。在云南昆明晋宁石寨山古墓群中出土的银错金飞虎带扣，整体呈现正方形，中心部位有一只带翼的飞虎，其右前肢抓树叶，昂首翘尾，虎视眈眈，双眼镶嵌金黄色玛瑙，全身镶嵌极薄的黄金片和绿松石珠，堪称滇银文化的艺术杰作。南诏国和大理国存在约五百多年，时代大体与唐宋帝国相始终，在云南古代史料中这两个国家被称为“佛国”和“妙香国”。佛教为两个国家的国教，上至统治者，下到臣民百姓，家家户户都以敬佛为首务。由于佛教的盛行，遗留至今的佛教文物相当丰富，其中银制品蔚为壮观。最为典型的佼佼者就是大理三塔寺出土的宋代银镀金翅鸟。此鸟造型优美，展翅欲飞，头顶有羽冠，颈羽和尾羽怒张呈火焰状，尾羽上还缀着5粒水晶球。在云南，银还主要用来打制加工器皿。在南诏，大理国的贵族食器及生活用器大都以金银器为主，如图1.25所示。此外，云南用大量的银来铸造佛像。纵观云南银器的使用发展过程，从品种门类上看，云南各民族使用的银器有：碗、杯、盘、筷、壶、盒、烟斗、烟枪、佛像、香炉、转经筒、护身符、镜框、金钢杵、面具、刀鞘以及各种头饰、胸饰、帽饰、衣饰、项圈、手环、手钏、腰带、发簪、耳坠等。

西藏文化是中华文化和世界文化宝库中的一颗璀璨明珠。从气势恢宏的庙宇到金碧辉煌的殿堂，从浩如烟海的经书到神秘多姿的宗教仪规，从美妙绝伦的唐卡到馥郁悠长的藏香，无不体现出雪域文化特有的神韵与魅力。由于西藏丰富的宗教资源和悠久的历史，藏式家具不仅作为生活用具而存在，也成为藏民族表达宗教信仰的某种载体抑或说是一种符号。所有的藏式家具几乎都被绚丽的彩绘所覆盖，图案上忠实地记录着宗教故事和历史传说，使这些家具在宁静的雪域中具有相当丰厚的故事性。藏式家具在装饰手法上别具一格，丰富多彩，大体包括彩绘、珠宝镶嵌、铁尖钉封边及雕刻、兽皮镶嵌等，质朴大方、狂野奔放，如图 1.26 所示。

在以色列耶路撒冷贝扎雷艺术与设计学院就读的 Michael Tsinzovsky 根据以色列特有的民族文化元素，实验性地设计出了一系列颇具民族风味与现

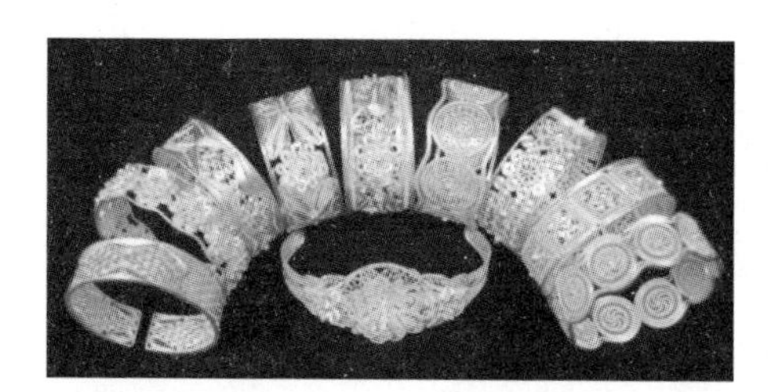

图 1.25　云南金银器具

图 1.26　藏式家具

代个性的家具作品，如图 1.27 所示。

风吕敷是日本一种传统四方包裹布的叫法，各种不同大小的物品可以用不同尺寸的布料包裹，打结方式也多种多样。一家叫 Vibram 的日本公司受到启发，设计了一款包裹式运动鞋，富有弹性的鞋面布料可自由伸展与收缩，穿上时可完全贴合脚掌，达到最佳舒适度，而且足够轻巧，给人一种穿了鞋就像没穿鞋的感觉，如图 1.28 所示。

图 1.27　以色列特色家具

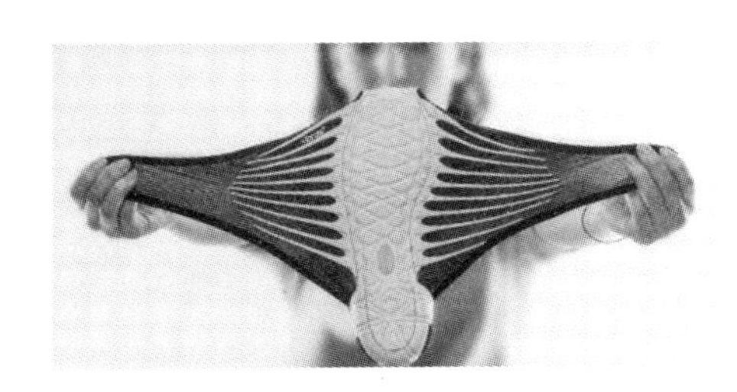

图 1.28　日本特色包裹式运动鞋

❷ 节庆文化

民族节日丰富多彩，有的民族有许多节日，有的节日则是多民族所共有，如图1.29所示。大致分为宗教祭祀性节日、生产活动性节日、纪念庆祝性节日、社交娱乐性节日。较著名的节日有：彝族的火把节、白族的三月街、傣族的泼水节、纳西族的三朵节等。节庆所涉及的工具或者纪念品等也是设计的最好载体。

图 1.29　少数民族节日

❸ 少数民族图案

少数民族服装的特点是男子的服装比较朴实大方，上身为无领对襟或大襟小袖短衫，下着长裤，多用白、蓝布包头，适于劳动，也方便欢乐时翩翩起舞，尤其是在传统的象脚鼓舞中，与刚健的舞姿相衬托，显得格外潇洒、豪放。少数民族妇女的穿着饰物则绚丽多彩，展示出青春的活力和健美。外套浅色大襟或对襟窄袖衫，腰身细小，下摆宽大。下身着花色筒裙，裙上织有花纹。喜留长发绾髻，斜插梳、簪、鲜花，或扎花包巾，并侧重戴耳环、系银腰带等饰品。全身服装服饰色调谐和，轻盈合身，把她们衬托得更加婀娜多姿。当她们随着象脚鼓的鼓点欢快舞蹈之时，仿佛一只只美丽的孔雀，极为优美娴雅。

不同的少数民族服饰，反映出不同民族、不同时代的装饰习俗和其中蕴藏着的审美情趣、审美理想、审美追求，如图1.30所示。

图案的设计更是彰显民族特色。这些纹样或来自于大自然的灵感或来自本民族的图腾，都是千百年来代代相传的印记，如图1.31~图1.35所示。通过这些仿佛能看到历史、看到生活、看到那些美妙的身影。

图 1.30　少数民族服饰

图 1.31　苗族图案

图 1.32　彝族图案

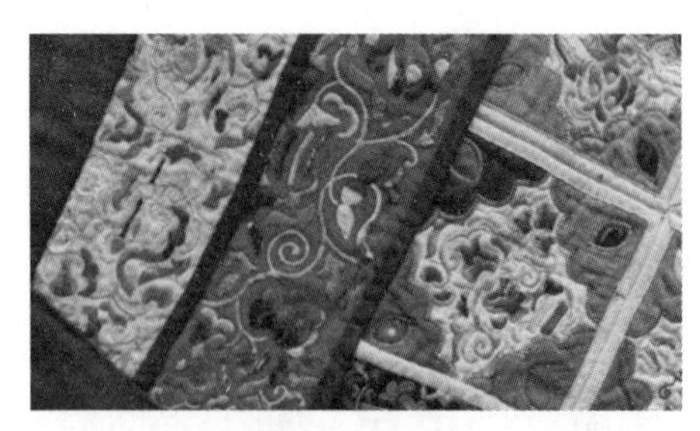
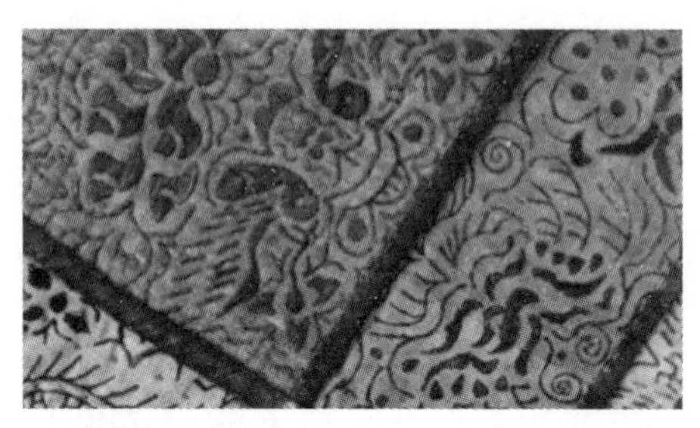

图 1.33　布依族图案

图 1.34　侗族图案

图 1.35　水族图案

❹ 设计实践

图 1.36 是笔者指导的学生作品，针对篝火特色形式的纪念品——热水壶设计。该设计抓住人们所向往的和谐、欢快、团圆、奔放的特点与当今时代形式美结合。运用师法自然的设计理念，表现民族文化活动中的篝火形式美，突出人们的情感以及对自然的追求、回归。

图 1.36　篝火形式的热水壶

❺ 设计练习

（1）设计一款少数民族节庆纪念产品。

（2）寻找身边熟悉的少数民族器具特色。

1.4 传统文化在产品设计中的运用与实践

当今，历史进入了一个全新的时代，更好地继承和发扬传统文化是设计产业的重要精髓。中国的传统文化以儒道互补为内核，还有墨家、名家、释教类、回教类、西学格致类、近代西方文化等文化形态，包括：古文、诗、词、曲、赋、民族音乐、民族戏剧、曲艺、国画、书法、对联、灯谜、射覆、酒令、歇后语等。

中国有很多传统艺术其表现形式与文化内涵为现代设计师提供了宝贵的设计手法，将传统艺术元素进行解构并应用到现代产品设计领域中，总结产品创意设计方法，紧扣时代脉搏，将文化与科技相融合突出产品设计内涵及特点、提升产品的价值。同时，在文化艺术形式的传承中，用新的科学性、时代性和前瞻性的设计表现形式来弘扬其特色，让传统文化借助产品本身所特有的持久性和广泛影响力在现代产品设计中得到更新和拓展，再现其魅力，既传承中国文化又丰富产品的外在表现，对产品设计研究具有一定的现实意义和应用价值。

❶ 民间剪纸艺术

剪纸又叫刻纸，是一种镂空艺术，其艺术语言很重要的一个特点是所有形象都是在玲珑剔透的形式中塑造，在视觉上给人以透空的感觉和艺术享受。其载体可以是纸张、金银箔、树皮、树叶、布、皮、革等片状材料。剪纸的图案更体现出时代的烙印，它题材广泛，形式多样，具有形象夸张、简洁、优美、寓意丰富的特点，反映了人民的生活文化、精神文化、民俗文化，蕴含着人们质朴的审美情趣和追求幸福的美好愿望，如图 1.37 所示。剪纸艺术以它独特的风格显示了中国传统艺术的魅力和深厚的民族文化底蕴，是劳动人民智慧的结晶。

图 1.37　剪纸艺术表现图例

剪纸艺术中的图形、镂空方式、光影关系、文化内涵等是设计素材的瑰宝，在现代产品设计中，尤其以外在形态设计为品质表达的产品，可以将剪纸艺术的创意思路应用到设计当中，突显其魅力，例如家居产品、数码电子产品、公共设施、家具等。

（1）图形元素植入法

产品既要满足人们物质方面的需要，又要满足精神方面的需要。设计过程中，提炼传统民间剪纸艺术中的图案元素，将这些“符号”融入产品外观形态中，提升产品的精神价值。产品设计过程是一个将创意视觉化、符号化的过程。如图 1.38 所示作品是抓住青花瓷、玉兔、年味等元素，通过剪纸风格的视觉表现形式设计出的一款微软鼠标。青花瓷纹饰，其薄如蝉翼，底色莹洁如玉，彰显时尚、玲珑、便携、科技特征，吸引着消费者的目光。“文化底蕴”极具中国风的图案让人眼前一亮，绘制而成的剪纸图案使得产品整体散发着浓郁的喜庆风格，改变了常规的电子产品的冰冷形象。

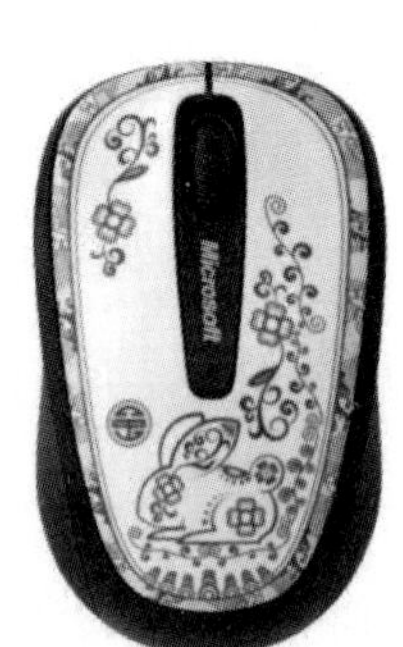

图 1.38　剪纸图案在鼠标设计中的运用

（2）感官体验法

设计是一种创造性活动，设计的目的是为了改善人们的生活，提高生活品质，满足人的生理与心理等多方面的最大需求。随着时代的发展以及人们日益增长的需求和科技时代的新形势需求，设计创新需要设计师更多地关注用户的情感体验，新颖的创意能实现愉快的、兴奋的、积极的情感效应。当今的设计更加注重通过人们感觉、听觉、触觉、嗅觉等多维感官的交互体验，使产品从多方面、多层次的体验设计中，愉悦人们的精神和情感体验，实现它的功能价值和精神价值。在灯具的设计中，运用这种感官设计表达方法彰显灯光投影间魔幻般的魅力。灯光经镂空的外罩投射出来，这种光影关系充满了视觉感官艺术，如图 1.39 所示。

图 1.39　剪纸在灯具设计中的运用

（3）迎合功能特征法

在科技飞速发展的时代，人们更加关注产品的整体品质与造物之心，从而促进了产品创新模式的改变。传统本身也是创新再生的好题材。有效运用剪纸的镂空特征迎合产品功能，达到功能美、造型美、工艺美的和谐统一。如图 1.40 所示的产品散热孔设计，每一个细节的设计都独具匠心。

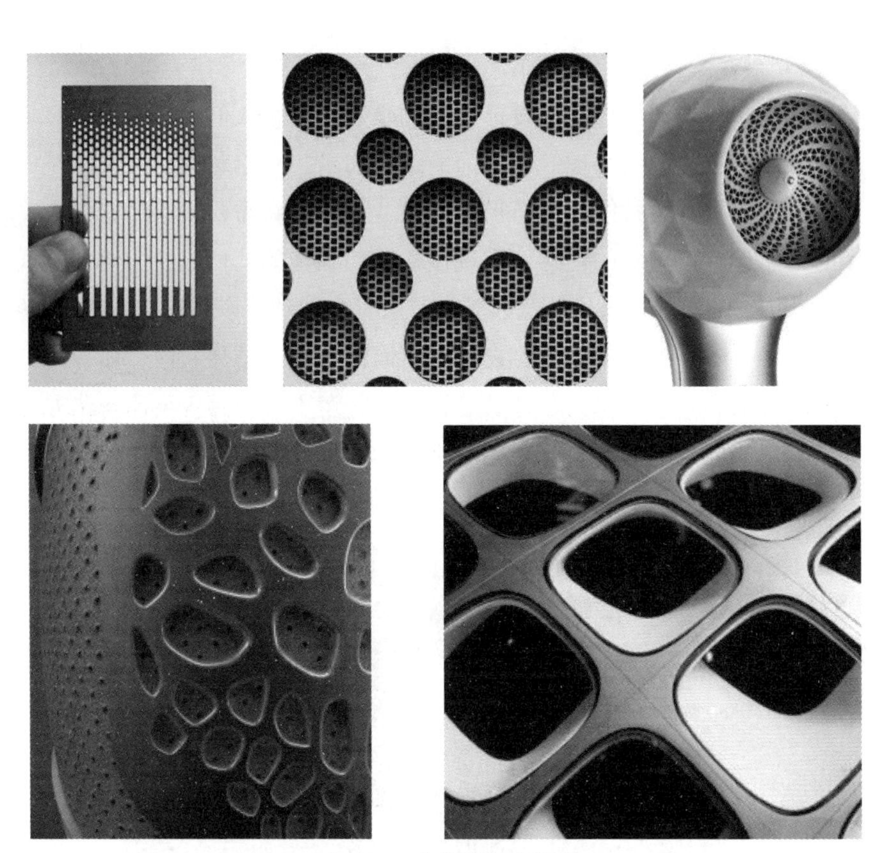

图 1.40　产品散热孔设计

如图 1.41 所示美的电暖气设计，正面设计特色突出，整体采用星星形状的镂空图案，星星点点却分布均匀有序，侧面的印花漂亮大方，简单的线条美观流畅，动感十足。整体的四面镂空设计，增强了机器散热性能，正好迎合了电暖气的功能特征。

图 1.41　电暖气造型设计

如图 1.42 所示，海信苹果云 T 系列“炫转”空调的外观让人印象深刻的是它独特的山茶花镂空花纹，体现出产品的极致奢华和优雅绽放之美。

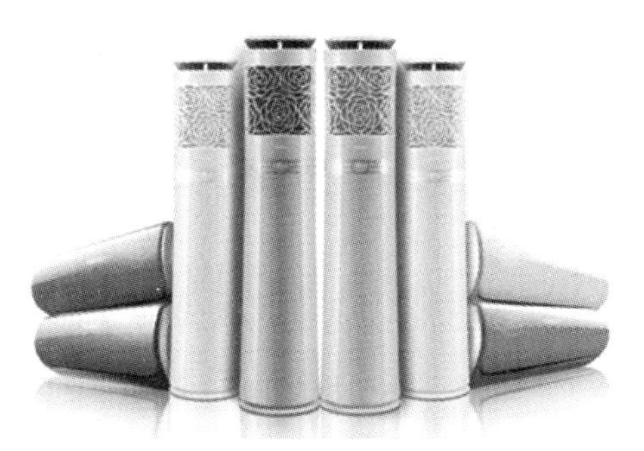

图 1.42　空调外观设计

再如图 1.43 所示的机械手表设计，表盘的镂空设计，可以让佩戴者欣赏到机芯精密而完美地运转，领略机械艺术的内涵魅力，展示腕表内部构造，把镂空主板、棒子、板桥、齿轮等微细零件呈现眼前，是设计为功能所用的典范。所以，设计师在产品创新设计中有意吐露出产品内部构造是寻找创意灵感的方法之一。

（4）立体化视角表现法

将传统平面剪纸进行解构、重组，变成立体构成的形式，从二维转化成三维，运用到产品设计中，表现出产品空间感、活力感、通透感、穿插错落的气息。如图 1.44 所示是植物图案不锈钢扶手椅设计中运用了阴阳的镂空之美。细腻的剪纸雕花样式与手工镜面的抛光处理，加上镂空的光影表现，放置在环境中，闪闪动人。

图 1.43　机械手表设计

图 1.44 剪纸在椅子设计中的运用

（5）多元化设计表现法

设计的目的是满足人类不断增长的需要，在商品化设计的目标中，产品的定位主要是从市场方面进行。在产品设计中发扬传统民间剪纸艺术文化，需要尝试将传统手工艺转向批量生产，实现产品的产业化。在保持传统特色的同时，与时代接轨、与经济市场接轨。例如，可以将剪纸元素采用动漫表现的方法将其融入故事情节进行推广；也可以设计成旅游纪念产品做成品牌进行推广。此外，现代设计要拓展传统产品的单一功能，发挥多元化的功能效益。在新技术革命浪潮中，传统文化内容与信息技术、网络技术、数字技术对接，派生出网络游戏、数字视听、三维动画等一系列新兴业态，使文化内容更加吸引人、文化传播更加快捷、文化的影响力更加深远。高新技术在文化领域的广泛应用，大大丰富了各类产品的表现力，显著增强了产品创新的设计发展活力。用科技的手段和艺术的创作，使二者紧密结合创造出一种可以供人们消费的文化产品，将科技成果有效转化，推动社会及经济发展。比如，剪纸故事及寓意可以用 3D 影像的技术让受众者虚拟融入其中，或参与剪纸互动，使受众者成为剪纸的缩影元素，更真实、趣味地感受和了解剪纸的魅力并推广其文化内涵。

将这种传统手工艺与时代接轨，寻求新的表现形式，使之在现代的设计中得以创新和发展，以创造丰富的文化和精神价值来满足当代人的心理诉求，并且适应当代人的审美和功能需求。将时代、科学、文化相融合，构建新形势下的设计思潮，是当今设计师研究探索的新课题。

❷ 水墨文化

水墨画是中国画的一个分支结构，是组成中国画体系元素之一，如图1.45所示。从物理的角度，水墨画就是用毛笔蘸着墨和水的合成物，描绘在宣纸上的一种绘画形式。中国画给现代人的基本印象是以墨色浓淡构成的绘画形式。看到黑白感应和感应黑白的视觉机能是人类在史前经过几百万年形成的积淀，明暗、黑白属于人类最原始的基本单色反应。正是出于对这种原始单色的青睐形成了中国水墨画的一大特色。这一大特色主要在于：水墨画不用色或少用色，突出水墨互渗所造成的丰富的表现效果，体现出自然的意趣。据考证，唐以来，水墨画从诞生到不断地发展、提高、完善，经历了一千多年的漫长岁月。尤其是文人画的形成和兴盛，使中国水墨画备受时代的推崇，以致成为衡量东方绘画艺术水平的标准。这都足以说明水墨画在中国绘画史上的地位。这种历史地位确立的主导因素，正是水墨画所独具的基本特征——单色绘画。它也是中国绘画艺术的灵魂。

图1.45　水墨画

水墨的晕染、淡雅色块的渐变，在服装、瓷器的表达上来追求单纯中的丰富。赋予其文化内涵，其笔势、构图、气韵、神采具备底蕴的穿透力。将水墨特色应用到其他领域，丰富产品的特征，体现亲和力，如图 1.46 所示。

图 1.46　水墨手法在其他产品中的应用

产品设计要满足人们追求深层次精神文化的需求。作为设计者，要努力用各种方式方法提升产品的品质。在充分理解传统文化的基础上延其“意”传其“神”，让传统文化借助产品本身所特有的持久性和广泛影响力在现代产品设计中得到更新和拓展，实现多维、多元化的继承与发扬。同时，从这种传统文化中得来的经验与启示为产品设计的方法研究提供了丰富的创作思路。

❸ 传统工艺——风筝

风筝是中国人发明的，距今已有两千余年的历史。风筝起源于春秋时代，古代风筝有纸鸢、风鸢、鹞子、风鹞等称呼，早期用于军事，后变化为玩具。在发展过程中，风筝工艺与中国传统民间工艺如刺绣、年画、剪纸等相融合，将神话故事、花鸟瑞兽、吉祥寓意等表现在风筝上，其形态样式图案丰富千变万化、琳琅满目，如图 1.47 所示。在立体风筝上，造型上主要是模仿大自然的生物，如雀鸟、昆虫、动物及几何立体等，从而形成了独具地方特色的风筝文化。这一民俗活动表现出不同区域中人们的心理、情感、风俗等各方面的特色，承载着丰富的人文内涵，表达着人们的美好人生愿望。

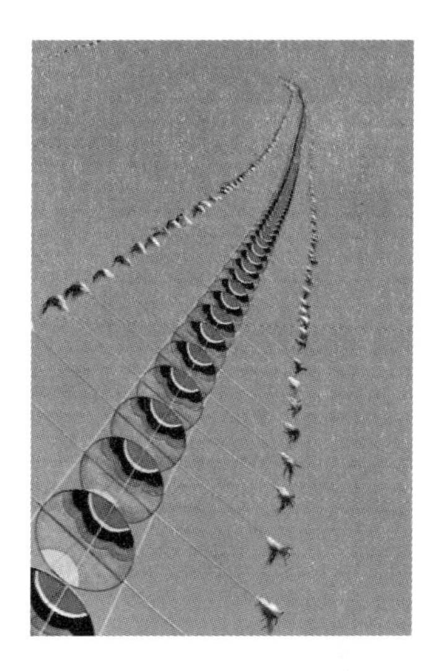

图 1.47　风筝

人们在很早以前就开始考虑风筝的趣味性和功能性。比如，汉代发明造纸术后，风筝改用纸糊制，故“风筝”又称作“纸鸢”。到五代时，人们加以改进，在纸鸢头上装上竹笛，微风吹动，嗡嗡作响，有如筝声，故而得名“风筝”。故风筝发声古已有之。再如，风筝飞升到天空后，利用一种特殊的装置把彩纸片、彩纸条或纸花沿风筝线送上高空，到达风筝旁边时触发机关，彩纸或纸花就会凌空抛撒下来，纷纷扬扬满天飘散，景象奇特壮观。近年来，中国的风筝事业得到了长足的发展，放风筝开始作为体育运动项目和健身娱乐活动普及起来，并且还增添了政治、经济等方面的新的社会功能，如通过举办大型风筝竞赛等活动，新时代的科学技术、设计方式和审美理念的渗入等，促使现代风筝的形式变得更加丰富，它们的造型、色彩等带给了人们更加丰富的视觉和精神享受。如观赏风筝，注重装饰工艺，有精美的造型、考究的装饰图案，有较高的艺术价值，除放飞之外，也可以作为装饰工艺品。再如特技风筝，风筝可以上下翻飞，在空中进行角斗等。

在现代工业文明的时代背景下，中国传统风筝设计在继承传统艺术的基础之上，出现了新的设计趋势和方法，呈现出新时代的文化特点和人文需求。首先，由于科技的飞速发展，新材料的应用，如高分子材料、各种复合材料等的出现和成熟，使风筝摆脱了原始时期的木材以及后来的纸或绢等单调材料的束缚。还有新工艺和新技术的应用，如机械转动结构、声响装置，发光装置等，使风筝的造型更加科学合理和多样化，制作更加便捷，而风筝的功能和放飞方式有了更多的可能。再有新时代的装饰题材和设计元素丰富了风筝的形式和风格类型等。其次，当代人们的新的审美、情感和文化诉求，以及新的时代主题促使传统风筝在新的设计潮流和设计理念如人性化、情感化、绿色设计等中，不断变革创新，最终反映出了新时代人们的精神面貌和生活方式，寄托了大众新的愿望主题，从而丰富了风筝的文化及艺术内涵。于是，为了顺应这些新时代的特点，现代的风筝呈现出一种多元化的设计趋势。

（1）造型与图案

造型是思维的载体，通过造型的语义表达来吐露文化内涵。如2008年奥运会吉祥物福娃妮妮的设计就借用中国的传统风筝与现代的图形元素相结合向世界展示中国文化的意蕴，如图1.48所示。另外，造型图案设计的表现手法上要利用时代的生活元素、时尚元素、故事情节、可抽象可具象地来考虑图形的可认知性。同时，设计师在进行设计之前，必须要指定明确的目标群体，然后来进行情感的诉求。对不同的娱乐人群，图案造型的设计就可更针对地反映出思路的特征，如为现代白领工作人员设计的“鼠标指针”风筝，如图1.49所示。

图1.48　奥运吉祥物——妮妮

图1.49　“鼠标指针”风筝

（2）关于互动性

放风筝是一种激发思维、开发智力、全身锻炼、陶冶情操、交流感情的活动。放风筝并不仅局限于个人，可以将这种个人性的娱乐方式变成互动性更强的娱乐方式。在泰国的一次风筝比赛中，有一只像巨鸟一样的泰国式风筝约有 6 英尺高，竟要 120 人操纵。这样看来，在风筝中可以加强互动性设计的思考，如设计出两人或三人同时放的风筝，它将更适合朋友双人结伴或一家三口集体放飞风筝。或者加入模块化设计思路，风筝可以多个组合和变形等。在放风筝的过程中无形地增加了参与者之间的联系，增进了感情和娱乐性。

（3）新材料的应用

科技的发展，使新材料、新工艺层出不穷。如时钟上使用的可变色材料可以在不同的时刻变换不同的色彩，从而更好地满足使用者的视觉需求。再如市场上现在非常流行的变色杯子，其原理是由同轴设置的外杯和内杯两部分构成，在两杯底端间隙设有一个内充有热敏变色挥发液体的夹层腔，在内杯的外侧壁上镂刻有与该层腔内通的艺术图形通道。饮水杯倒入热水后，夹层腔中的热敏液体会产生色泽变化并升溢于内杯图形通道中，使杯壁显现出艺术图案，使人获得美感和艺术享受。另外，还有一种较为直接的感温材料，这种材料较为敏感也极为方便，可供应温度区间从 -15℃到 70℃。可因各种产品应用的需求不同，而设定不同的温度区间，色浓度从低温至高温逐渐递减，直到接近透明。比如，婴儿用的勺子就是采用的这种材料，当勺子的外延遇到相对较高的温度时就会变颜色。

在当今时代变色材料已广泛地应用于生活中的每一个细节，那么风筝是否也可以与这种现代技术相结合呢？在思路过程中可借用中国京剧的变脸，从而变换风筝的色彩或图案。首先，风筝在飞上高空之后，离地面越远与地面温差与受力就越大，有了温差的变化就为感温变色材料提供了变色基础。其次，也可以在风筝的骨架中注入变色液体，就像变色的杯子一样变化，从而就打破了固有单一的图案与色彩样式。

（4）设计创新下的情感体验

当今的设计更加强调和注重能够通过人们的各种感官：听觉、触觉、嗅觉等多维感官设计的交互体验，使产品从更多方面和层次的知觉体验中，愉悦人们的精神和情感体验，实现它的功能和精神价值。如图 1.50 所示“发光风筝”。这种风筝是用电池和发光二极管制作成的，装有专门操控彩灯式样的芯片，绚丽的色彩随着节奏在夜晚翩翩起舞，这就是视觉情感的体验。同时也可以在自然能源中寻找灵感，跟随当今绿色设计思潮下的设计趋势。可以在风筝上安装辅助特殊装置，比如利用风能、太阳能转化为电能来辅助LED放飞后自发光，装置的安装可通过风筝的受力图设置位置。图1.51是风筝的受力图，T为线的牵引力，G为风筝的重力，F为风筝所受的风力。

图 1.50　发光的风筝

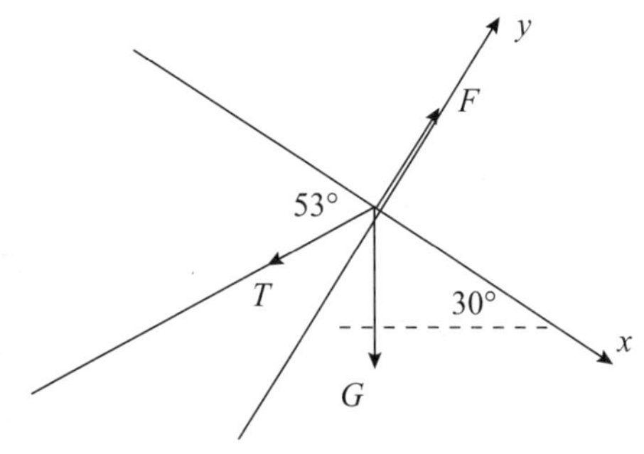

图 1.51　受力图

（5）设计市场——关于品牌的思考

中国城乡各地几乎都会扎制风筝，特别是环渤海地区三大风筝产地的风筝文化源远流长，各具特色，声名远播海外。这些地方的风筝，自成一派，各具特色。设计的目的是满足人类不断增长的需要，在商品化设计的目标中，产品的定位主要是从市场方面进行。设计本着对中国传统文化的发扬，可以成套设计、学习动漫推广的方法融入故事情节、系列设计、辅助装置设计等真正地做成产品品牌进行推广。而且品牌化的产品更容易推向国际市场，让世界了解中国传统文化。

（6）功能借用——现代风筝的延展

德国学者汉斯·萨克塞认为“生态哲学研究的是广泛的关联”，是探讨“自然、技术和社会之间关系的学说”。人类对风能的利用已有几千年的历史，近年来，整个世界都在讨论关注环境保护、能源再生的话题。各国都在发展包括风能在内的能源再生、转能、创能的技术。将风能作为可持续发展的能源政策中的一种选择。比如，利用风筝发电的新方法，如图1.52所示。风筝风力发电机的工作原理很简单：风筝在风力作用下，带动固定在地面的旋转木马式的转盘，转盘在磁场中旋转而产生电能。风筝风力发电机的核心在于通过风筝的旋转运动，旋转产生电流的大型交流发电机。如意大利的“巨杉自动控制”风筝发电厂；如利用风能转化为电能的路灯的设计，如图 1.53 所示；如世界上第一艘由巨大的风筝提供部分动力的商船，从德国不来梅港市出发，驶往委内瑞拉，如图 1.54 所示。风筝船的发明者史蒂芬·瑞吉通过这项试验，能降低船只每天 20% 的燃料费。

图 1.52　风筝电站假想图

图 1.53　路灯的设计

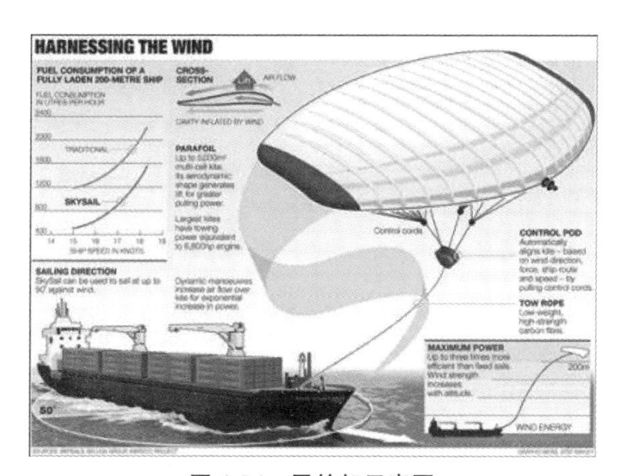

图 1.54　风筝船示意图

随着人们生活水平的提高，更加关注产品的整体品质与造物之心，从而促进了产品创新模式的改变。产品设计日益发挥着重要作用，不仅促进新思维产生，实现以人为本的设计思想，还能对产品进行统筹规划。风筝是中国传统文化中的瑰宝，是中国传统文化的历史传承之一。在日益增长的物质文化需求下，人们有追根溯源的心理诉求，有对传统文化的传承性诉求。作为设计者我们也在努力用各种方式，来传承和发扬这种传统文化，并将从这种传统文化中得来的经验与启示应用于现代化生产中，实现风筝文化这一民俗活动多维、多元化的继承与发扬。

❹ 礼仪文化

中国具有五千年文明史，素有“礼仪之邦”之称，中国人也以其彬彬有礼的风貌而著称于世。礼仪文明作为中国传统文化的一个重要组成部分，对中国社会历史发展起到了广泛而深远的影响，其内容十分丰富。礼仪所涉及的范围十分广泛，几乎渗透于古代社会的各个方面，如图 1.55 所示。

礼仪之所以为社会各界普遍重视，是因为它具有多重重要功能：有助于提高人们的自身修养，美化自身，美化生活；有助于促进人们的社会交往，改善人们的人际关系；有助于净化社会风气，推进社会主义精神文明建设。对人的行为表现和谈吐举止的规范，外树形象、内修涵养，和谐关系的树立起到重要作用。

图 1.55　中国礼仪文化

❺ 设计实践

实践一：把传统图形进行分析应用，将某些元素进行转化和重构，与现代的产品造型结构相结合，使其闪现民族特质，而又具时代精神。图 1.56 为笔者设计的作品“书立”，该产品设计运用剪纸的图形元素，通过剪纸图案体现“书香门第、书中自有黄金屋”的寓意特征，表达一种文化的思想。

图 1.56　剪纸图案在书立设计中的运用

实践二：衣架是生活中不可缺少的产品，时尚外观设计是重要环节。人们追求个性与潮流，追求炫丽的艺术形式。将剪纸的美感融入其中，既表现传统文化，又体现现代产品的美感。笔者运用剪纸图案在衣架设计中的体现，以“雀上枝头”为情景寓意，表达一种亲近自然、诙谐轻松的设计效果，如图 1.57 所示。

实践三：笔者将剪纸的特征效果运用到 U 盘设计当中，表达产品的质朴、亲和的设计语言，如图 1.58 所示。

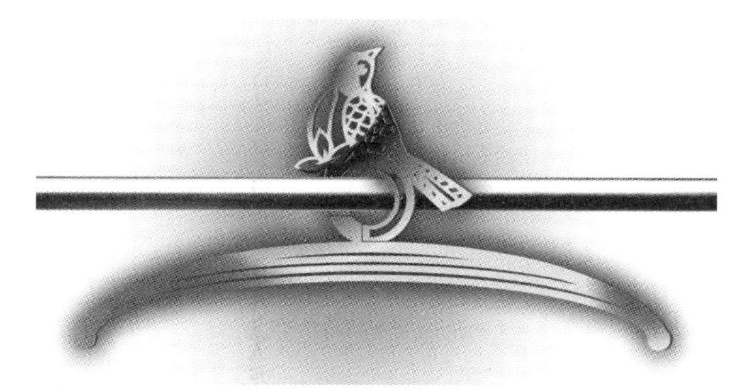

图 1.57　剪纸图案在衣架设计中的运用

实践四：笔者将剪纸元素运用到拖鞋的设计当中，镂空的功能效果迎合产品的透气性，同时，其脸谱艺术的性格化反映出用户的喜好和需求，如图 1.59 所示。

图 1.58　U 盘设计

图 1.59　拖鞋设计

实践五：水墨文化·产品设计。

水墨是自然和诗意的流露，水墨与设计的交融是观念的碰撞，创新思维的拓展，方法与形式的探究。东方情怀的释放，给水墨设计孕育着新的生命力，多元化时代的水墨复苏，在信息、概念、设计、实验、方式和媒介上，呈现当代中国设计的开放态势。文创的崛起，让我们在水墨的时空中遨游与升华。若隐若现的高山，淡淡的水墨挥洒，潇洒的舞姿，彰显出一种优雅张扬的理念。

如图 1.60 所示，笔者通过山与水壶的形态进行重构，随着水壶温度的变化，水墨重峦叠嶂的形象逐渐呈现在观众面前，其材料陶瓷及感温变色设计给用户创造了个性品位的惬意生活。

水墨之重峦叠嶂
水墨意境效果是作者在产品设计中追求的文化艺术内涵，设计创意是有效利用水壶与山的同构形态，并随着水壶温度的变化，水墨画山峦叠嶂的形象逐渐呈现在观众面前。其材料为陶瓷及感温变色，科技与艺术融合，设计为生活增添品质。

图 1.60　水墨水壶设计

如图 1.61 所示笔者设计的钟表，设计创意围绕绿色生态元素的主题，通过视觉冲击表现手法在表盘上呈现出来，并从给人以自然、清雅、舒服的语义目的展开，以两条金鱼为主要角色，分别代表时针和分针，围绕在可控制的起伏不平的涟漪盘面上游动，寻找自然生态的氛围。好似湖中养的金鱼，在水中嬉戏，时而簇拥时而分散，时而又似微风拂面激起涟漪，恰似一幅画卷，清心、秀美、深入人心。

实践六：果盘设计。

中国千百年来流传的一个道德教育故事，是中国古代东汉末文学家孔融的真实故事，教育人们凡事应该懂得谦让的礼仪。《三字经》中“融四岁，能让梨”即出于此。如图 1.62 所示即根据此故事笔者设计的果盘。

图 1.61 水墨钟表设计

孔融让梨
果盘设计

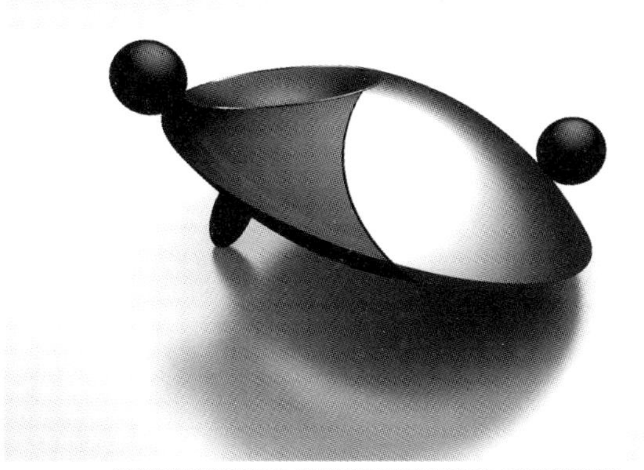

将无形文化内涵运用到产品设计中，让有形的产品来传载无形的文化和美德，是本款产品的设计宗旨。本款果盘设计灵感来源于“孔融让梨”的故事，通过抽象的产品造型向人们展现谦让之美。果盘的整体形状为圆润、饱满的曲线，含蓄而又不失活力。主要由中间的大圆盘和两边的小圆球构成，从中间分割为黑白两部分，分别代表了两个小孩。果盘设计形象地体现了两小孩互相推让的情景。右侧的小孩拱起双手，恭敬的将盘中果品让给左侧的小孩，而左侧的小孩则身体后仰，双手摊开，想将盘中果品让给对方，抽象的体现了两小孩互相推让的情景。作品将一个静止的果盘赋予了些许灵气和生命力，同时又起到了极好的文化推广作用。

图 1.62 果盘设计

❻ 设计练习

（1）通过剪纸元素进行实践设计一款产品。

（2）通过水墨文化元素进行实践设计一款产品。

1.5　流行文化在产品设计中的运用与实践

流行文化是社会上大多数成员参与，并以物质或非物质的形态表现出这个时代人们的心理状况与价值取向的社会文化，它通常借助于这个时代先进的媒介工具传播与消亡，并对社会产生一定的影响。流行文化以商品经济为基础，以大众传媒为载体，以娱乐为主要目的，以流行趣味为引导，包括时装、时髦、消费文化、休闲文化、奢侈文化、物质文化、流行生活方式、流行品味、都市文化、次文化、大众文化以及群众文化等。

现今，演唱会、电影院、广场舞、聚餐、这些流行元素已经逐渐成为人们的生活价值符号，随之，产品设计的应用也在其中作为流行符号彰显着自己的地位，比如广场舞中的音乐播放器，舞者手中的道具；再比如演唱会“粉丝们”手中的各种荧光道具，还有电影衍生产品；团购、外卖、旅游、停车、刷卡等。这些流行文化让人们的生活变得丰富、便捷、愉快。

❶ 新时代、新交互信息文化的侵袭，改变了传统行为习惯。为了迎合现状，设计创意新思潮

低头族，形容那些只顾低头看手机而冷落面前亲友的人。低头族是指无论何时何地，都作“低头看屏幕”状，有的看手机，有的掏出平板电脑或笔记本上网、玩游戏、看视频，想通过盯住屏幕的方式，把零碎的时间填满。“低头族”以年轻人为主。从社会环境角度分析，快节奏生活、大城市通勤路线拉长等，客观上令私人时间碎片化，属于自己的“整块”时间越来越少，但一个人吃饭、赶路的机会却增多，导致不少年轻人只能抓紧碎片时间，通过数字终端进行娱乐休闲。以智能手机为代表的数字终端提供了丰富的应用程序，带来生活的便利和多样的娱乐手段。智能手机成为低头族打发碎片时间的不可或缺的工具：上网浏览、玩游戏、看视频等。近些年随着中国城市化进

程加快，在现代社会生活中，我们正在走入一个陌生人的社会，人和人的面对面交流减少，社交网络的普及，也是“低头族”出现的重要原因。

（1）改变不了的坏习惯，就用设计进行约束。

因玩手机出事故的报道逐渐增多，低头族们只顾着刷微博微信，但忘了自己的生命安全。德国 Augsburg 为这些人在路口地面特设了警示灯，当有车要经过时，它们就会频闪，即便不抬头也能看见危险预警，以让这些着迷的人停止脚步，如图 1.63 所示。当然，最保险的方法还是放下手机，好好走路，方便你我他。

图 1.63　地面警示灯

（2）变被动为主动。

现在很多年轻人愿意戴耳机听音乐，无论地铁、公交、大街小巷，随时都听着音乐。套头卫衣在美国街头十分流行，尤其是戴着耳机“招摇过市”的黑人艺术家们。HIODY 是一件为这些艺人设计的音乐卫衣，将耳机塞进了衣服的兜帽内，这样既节省空间还很帅酷，如图 1.64 所示。

（3）“快”时代来了，设计辅助一下。

快餐、快报、快车、速溶咖啡、速成班，曾几何时，“快”时代已经蔓延到人们生活的诸多方面。

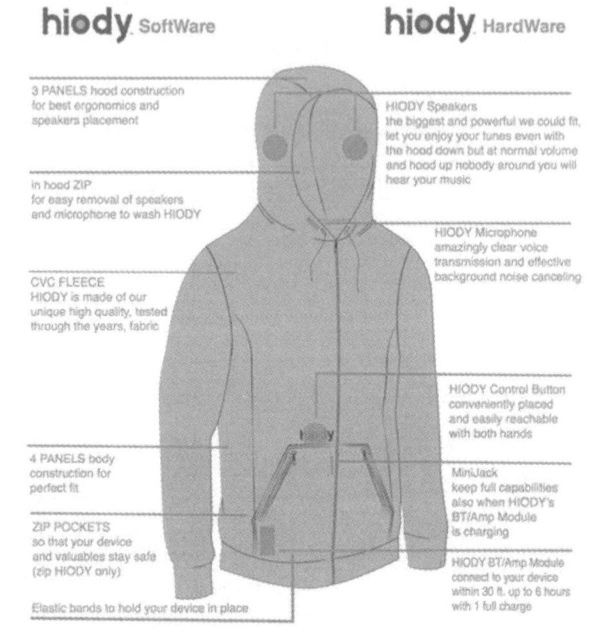

图 1.64　音乐卫衣

吃快餐，是当前人们离不开的环节，无论逛街、旅行、外卖场景，尤其是对于工作忙的加班族们，快餐似乎是一种必需。为吃而设计的餐具也成为设计师的创意出处。

旅行时稍微大一号的食物圆盘可能很不利于单手掌控，如图 1.65 所示，Oryza 是一个折纸沙拉盘，大中小号随意调节，V 型设计让人们更好把持，菜量更多。

❷ 地铁文化

当前，地铁再也不只是一种交通工具，更是一种生活方式，也是社会的

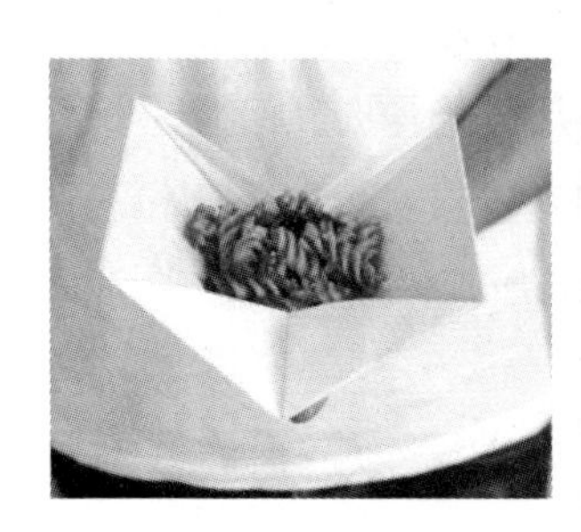

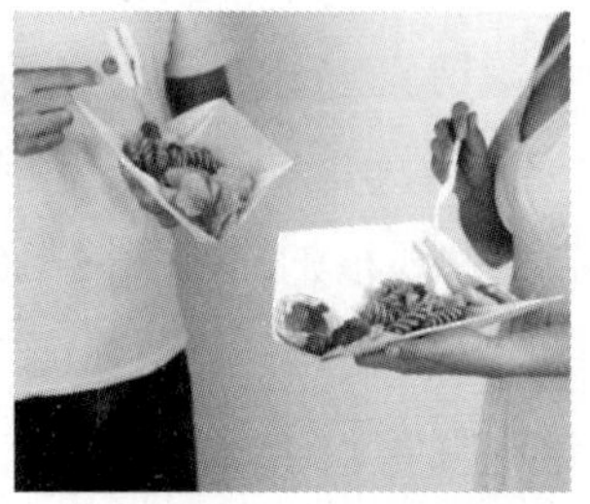

图 1.65　折纸沙拉盘

一个缩影。地铁文化不仅包括静态元素、大众艺术的动态展览，同时也包括地铁相关的人文景观。其中，静态元素包括地铁线路、大小车站、车厢座席；动态元素有各种文娱活动、地铁沿线的文化节、地铁博物馆、地铁美术长廊以及各种文化、商业宣传活动等。

从北京到华盛顿到蒙特利尔，从波尔图、里斯本到热那亚，从巴黎到温哥华，地铁已经成为大城市居民出行的常用工具。而在这些民俗文化风格迥异的地方，设计师们也根据当地的特色设计出了一座座生动、别致的地铁站，让这些地标性建筑更具魅力，如图 1.66~ 图 1.71 所示。

图 1.66　北京雍和宫地铁站

图 1.67　华盛顿地铁站

图 1.68　蒙特利尔地铁站

图 1.69　波尔图地铁站

图 1.70 热那亚地铁站

图 1.71 巴黎地铁站

❸ 设计实践。

实践一：托盘设计

设计来源于生活，并最终回归到生活之中，进而改善人们的生活品质，满足人们生活中的需要。综合以上多元设计思路，针对当人们在用早餐时一边看报一边吃饭的习惯，从中寻找创新点，笔者设计了这款 Media 托盘，如图 1.72 所示，在其中融入了用户体验以及科技时尚等设计观念，将托盘的功能传媒化，即将信息传媒与托盘结合在一起，不但创造新的产品价值，同时也满足了人们即时对信息传媒的需求，比如浏览报纸信息和影像文化，观看餐饮广告和健康知识宣传等，更加方便地服务于人们的生活，使人们在早餐过程中有一种别样的体验。

Media tray
The buttons of the tray are all designed in touch mode, which is more clean and convenient than before.
Media tray is composed of shell and internal components, enclosure with plexiglass, the internal structure of liquid crystal screen.
Information resources will be transferred via Bluetooth to the Media Tray.
Media tray adopts the overall design style, it is both beautiful and practical, and is endowed with information-intensive culture and modern simplicity.
Silver color with clean white material and a transparent plexiglass material are used to make the tray, which makes people feel eating green and modern minimalist aesthetic.

Media tray
We have designed a Media tray to meet the needs of people for the information of media for a new realm when people are having dinner, such as conveniently reading newspapes, browsing the diet cultural resources and advertising film media, so that in the course of breakfast, people feel a different kind of feeling.

We can browse the information resources on the media tray when we enjoy the food on it in the fast-food restaurant.

图 1.72　“Media”托盘设计

Media 托盘将功能、技术与创新结合在一起。它由外壳和内部构件组成，外壳采用有机玻璃，设计内部结构采用液晶屏。信息资源会通过蓝牙传输给 Media 托盘，按键采用全触摸，方便人们的使用。设想当我们在快餐厅用早餐时，不仅可以用 Media 托盘端食物，还可以一边用餐一边浏览托盘上的信息资源，这样不但符合现代人的生活节奏，还创造了一种新的用餐方式。

实践二：自拍杆设计

笔者指导学生设计的自拍杆，如图 1.73 所示，将可爱的卡通长颈鹿与大象形象与最近流行的自拍杆结合，符合当下年轻人的审美需要，符合市场需求，充分地体现了流行文化与产品设计的完美结合。

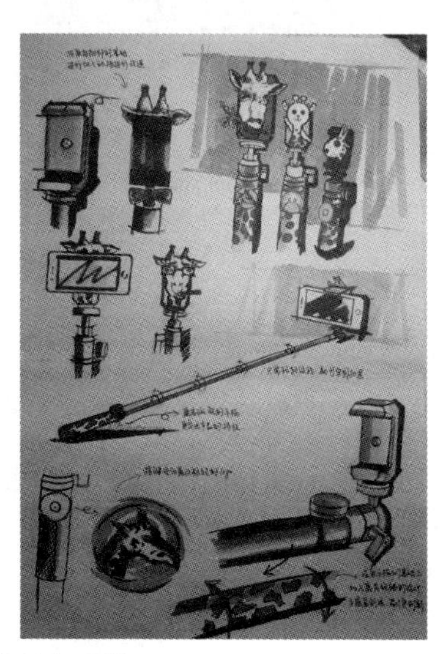

图 1.73　自拍杆设计

❹ 设计练习

① 为吃而设计，设计一款餐具。

② 列举熟悉的特色地铁站。

1.6　企业文化在产品设计中的表现

❶ 企业文化

企业文化是企业为解决生存和发展的问题的而树立形成的，被组织成员认为有效而共享，并共同遵循的基本信念和认知。 企业文化集中体现了一个企业经营管理的核心主张，以及由此产生的组织行为。 企业文化，是一个品牌的观念、符号、方式、形象。它通过仪式、管理、标识、产品设计等诸多载体呈现出来。

（1）三星文化

完善核心设计理念，三星的设计革命迅速改变了自身的品牌形象。三星成功地塑造了其“设计先锋”的品牌形象，在全球市场站稳了脚跟。三星以韩国传统文化为龙头，从名胜古迹和文化遗产中探求自己的设计理念。石窟庵是韩国著名的花岗岩石洞，砌有公元8世纪的大佛像，三星从其设计中获得了启发，提出了“理智与情感的平衡”的口号，将东方古典之美融合在当代设计之中。正如三星公司设计总管宋贤珠（Hyun Joo Song）所说：“这不是黑与白的对立，而是一种平衡。这一口号意味着我们将依靠技术来满足顾客的情感诉求。”

三星一方面逐步完善其核心设计理念；另一方面通过内部建设和同国外设计公司的合作制定了一系列设计方针，进一步将宏观的设计理念转化成应用于各类产品的战略。为了从视觉效果上探究不同地域对“简洁”与“复杂”的理解差异，三星启动了一个全球消费研究项目，从中提炼出一套简单明了却又行之有效的方案，使设计师和营销人员得以从美学与功用双重角度来审查设计方案，这也是设计首次被三星视作战略框架而不再是个人意见。

在完善核心设计理念的过程中，三星逐步意识到自己的设计师虽然颇有才华但与世界级标准还有一定差距。为此，李健熙派出了一个17人的代表团前往美国巴沙狄那艺术中心设计学院（Art Centre College of Design）参观学习，筹划创建三星设计学院。他们邀请美国知名设计顾问戈登·布鲁斯（Gordon Bruce）和艺术中心设计学院美术包装和电子传媒系主任詹姆斯·米赫（James Miho）访问韩国，并成功征得两位设计大师同意，担任三星创新设计实验室（IDS）的领军人。李健熙斥资1000万美元在首尔市中心建造了IDS总部大楼，开始为三星培养一流的设计人员。最初三年间，这所内部学校的“学生”来自三星公司业绩排名前250的产品、传送、美术及多媒体设计人员，他们带全薪每周上课6个全天，有时甚至还有晚上，培训课程持续一年。第四年起，为了打造良好的跨学科氛围，IDS开始将课程范围拓展至营销、工程和产品规划等领域，并完全用英语授课，因为良好的英语水平在李健熙看来是国际性企业的员工必备的素质。

其实建立三星创新设计实验室起初的目的只是在三星内部传授美国艺术中心设计学院的课程，但是布鲁斯和米赫到了首尔以后发现这一设想在三星并不适用，正如布鲁斯所说：“我教授的对象都是有10年经验并且获得过不少奖项的设计师，我教的不是如何画图纸，也不是如何做设计，而是传授根本的设计理念。"此时三星还面临另一个问题——韩国的传统教育认为"受者"质疑"传者"是一种不敬的行为，学生与教师几乎不可能进行平等的切磋与讨论——创新设计学院还必须担当转变学风的根本任务。

尽管学员们学会了运用国际标准来设计产品，但他们当中大多数人从没有走出过亚洲，有些甚至没有离开过韩国。布鲁斯和米赫倡导学员进行"自我探索式的远航"，将目光放得更远。"要认识自我，你们必须突破自身所处的环境"，布鲁斯说。于是，创新设计实验室组织学员走访了北京、华盛顿、佛罗伦萨、雅典、墨西哥等地，在为期一个月的旅行授课过程中，他们参观博物馆，了解各国历史，观察当地人的生活习惯，切身感受了世界各地不同的消费文化，同时也领会了韩国在世界文化传承史上的地位。

如果说三星创新设计实验室夯实了其"设计为先"的基础，那么随后陆续在东京、旧金山、伦敦开办的全球设计工作室则着实让三星具备了全球眼光。以前三星只是委托当地知名设计咨询师来设计本国之外的区域性产品，这么做确实有过出彩的设计，但产品缺乏视觉统一性，难以长期把握本地化市场的特征。建立了一张全球设计网络之后，三星充分网聚了企业内部的资源，将各国的设计概念、信息和观点反馈至首尔总部。这些工作室在培养韩国设计师的全球视野方面也发挥了重要作用。创立了旧金山和伦敦工作室的Clive Grinyer回忆说："对三星来说，建立全球设计工作室表明了其开拓全球市场的意图。这个以惊人速度实现巨变的企业让设计师们异常兴奋。"为了增进设计师之间的交流，三星还经常派遣韩国设计师到全球各地的分支机构与当地员工共同完成为时数周至半年的交流项目。人员的互换增进了全球设计团队的凝聚力，更重要的是加深了不同地区的设计师对韩国文化的认识。

如图1.74所示，为一组三星S8概念图，来自吉尔吉斯斯坦艺术家Steel Drake的设计。从概念图中可以看出三星S8采用金属机身，并且上下边缘两条金属包边十分闪亮，同样是采用了曲面屏设计。从图中可以看出该机的实体Home键、虚拟触控键统统被取消，整体屏占比颇高。侧边按键和底部扬声器都设计得非常棒；并且在该机背部的上方，Steel Drake还设计了一个小小的投影仪。在充电方面，Steel Drake为三星S8设计了两种充电方式。第一种是采用"无线充电板"方式进行充电；第二种是插在墙上，定向为手机无线充电的Charge Translator。

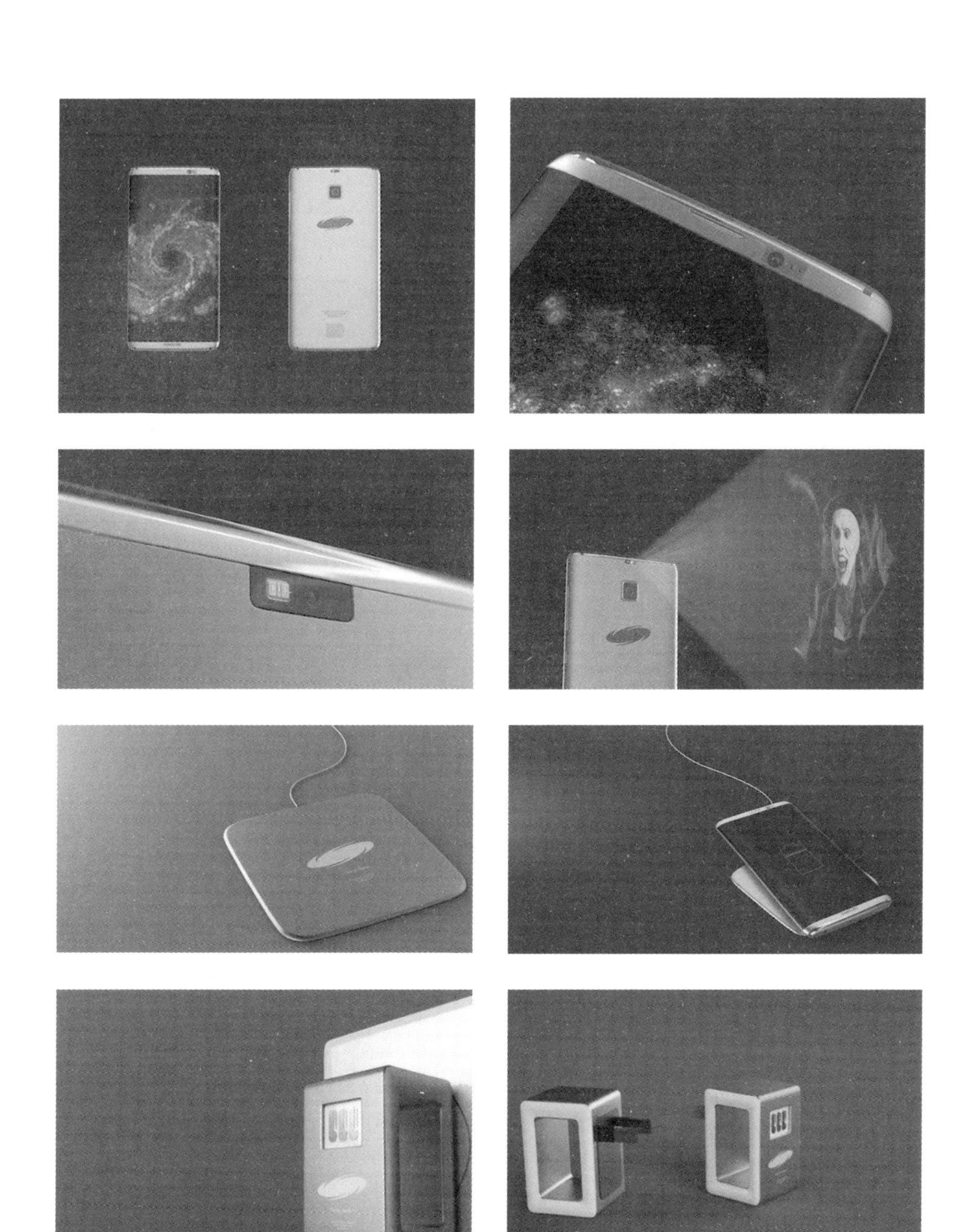

图 1.74　三星 S8 概念设计

（2）苹果文化

乔布斯将他的旧式战略真正贯彻于新的数字世界之中，采用的是高度聚焦的产品战略、严格的过程控制、突破式的创新和持续的市场营销。把苹果产品当成艺术品来做。

乔布斯还在2000年苹果的一度停滞期喊出了“Think Different”（另类思考）的广告语，他希望这个斥资上亿美元宣传的广告不仅让消费者重新认识苹果，更重要的是，唤醒公司内员工的工作激情。前苹果产品营销主管Mike Evangelist离职后在他的博客中透露，乔布斯每一场讲演都需要几个星期的预先准备和上百人的协同工作，经过精确的细节控制和若干次秘密彩排之后，乔布斯总是以激情四射的演讲者面目出现在现场。当乔布斯邀请百事可乐总裁约翰·斯高利加盟苹果时，他这样说：“难道你想一辈子都卖汽水，不想有机会改变世界吗？”在这样的个人化文化指引下，乔布斯以用户个人化引导产品和服务，以员工个人化来塑造公司文化和创新能力，以自身个人化获得一种自由和惬意的人生。以曾经由乔布斯掌控的Pixar为例，Pixar最著名的企业文化就是“以下犯上”，娱乐和自由的工作环境，我行我素、稀奇古怪的员工，随时随地随便提出的新主意，都构成了一种职业文化中的高度个人化的元素。“什么中层、部门、领导，这些词我们统统没有，这就是我们独一无二的地方。”这是Pixar员工的描述。

另外，“专注”两个字是其企业文化的要素，苹果是真正地在做设计。了解消费者的需求，懂得如何满足消费者的需求，然后着手实现这些目标。虽然实现起来并不总是很容易，但苹果似乎每次都能恰到好处地完成。

①从头开始

当员工初到苹果时，公司就希望他们立即做一件事：忘掉曾经了解的技术。苹果公司所做的事情与其他公司都不一样。无论是产品的设计、新产品的设计理念还是公司独具的简单运营方式，只要是在苹果，所有事情就会不同。把在其他公司的工作习惯带到苹果来，可能会造成更多的麻烦。苹果是不同寻常的。

②坚信苹果

不同于行业里的其他任何公司，苹果公司非常自负。其中的部分原因是由于乔布斯非常自我，他相信苹果是世界上最强的公司，有不同于其他公司的做事方式。虽然苹果的仇敌无法忍受这一点，但是对所有该公司的粉丝和员工而言，这一信条已经成为一种号召力。

③聆听批评

由于自负的本性，苹果用心聆听人们对自己的产品的批评。

④永不服输

苹果最具魅力的一点就是它永不服输。就算产品被批评得体无完肤，该公司似乎也能在危急时刻找到脱离火海的方法。今天，苹果希望自己所创造的利润可以打破纪录。

⑤关注细节

如果说苹果懂得哪一条经营之道，那就是关注细节意味着长远回报。例如，谷歌的 Android 操作系统，可能卖得很好，但在使用了一段时间之后，大多数消费者就会发现 Android 与苹果的 iOS 操作系统相比缺乏一些闪光点。这点儿差距并不会让消费者觉得 Android 操作系统不太好用，事实上，可以说 Android 和 iOS 一样好用，但这点儿小小的差距确实会让一些消费者禁不住怀疑谷歌为什么就不能再做得更好一点儿。在大多数情况下，苹果却多努力了一点点儿。但就是这一点点儿的努力使得苹果成为最大的赢家。与此同时，这也是苹果对自己员工的期望。

⑥保密至高无上

谈到苹果的企业文化，就不得不提及该公司对保密工作的态度。不同于行业里的其他许多公司，苹果在即将推出新产品时很少会泄密。苹果公司会制定长期的保密准则，只有那些能做好保密工作的公司才能取得成功。

⑦主导市场

在涉及技术时，乔布斯脑海中只有一个目标，那就是“主导市场”。他所想的不只是击败市场上的所有公司，而是要彻底摧毁他们。乔布斯想向世界表明，只有他的公司才是最强的。乔布斯就是想向所有竞争者、消费者和所有人证明这一点，并希望员工可以帮他实现这个目标。如果员工不这样做的话，那么就只会被解职。

⑧发扬特色

苹果素以消费市场作为目标，所以乔布斯要使苹果成为计算机界的索尼。1998 年 6 月上市的 iMac 拥有半透明的、果冻般圆润的蓝色机身，迅速成为一种时尚象征。在之后三年内，它一共售出了 500 万台。而如果摆脱掉外形设计的魅力，这款利润率达到 23% 的产品的所有配置都与此前一代苹果计算机如出一辙。

⑨开拓销售渠道

让美国领先的技术产品与服务零售商和经销商之一的 CompUSA 成为苹

果在美国全国的专卖商，使 Mac 计算机销量大增。

⑩调整结盟力量

苹果同宿敌微软和解，取得微软对它的 1.5 亿美元投资，并继续为苹果机器开发软件。同时收回了对兼容厂家的技术使用许可，使它们不能再靠苹果的技术取得利益。

图 1.75 是苹果的产品，每一个线条、方式、结构、零件都渗透着企业文化，诉说着以人为本、精工细做、艺术形态……诉说着这个品牌的强大。

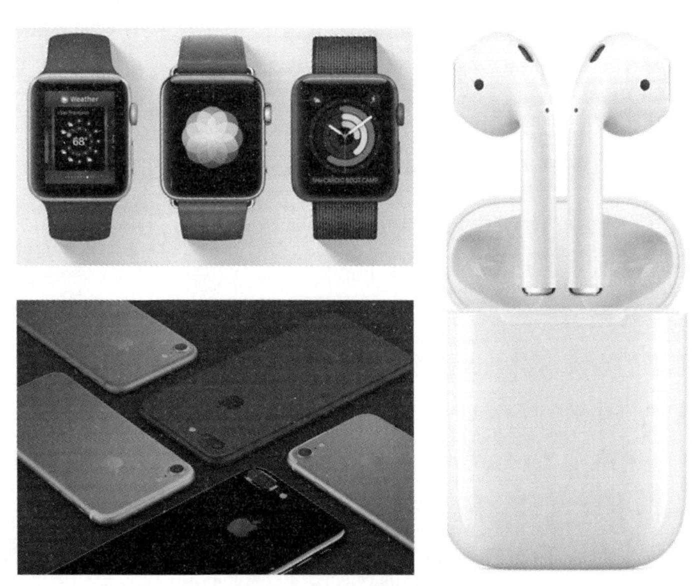

图 1.75　苹果最新产品

❷设计实践

产品设计的气韵、形体、哲学、意境等一直为人们创造着一种思想独白。成熟的承载着创作者情感、理念、故事、思想以及与读者的共鸣。它不仅是一种生活状态的再现，也是一种思想的凝结。企业文化植入到产品造型设计思想里可提升产品内在品质；可传递企业文化内涵；可传达审美的感官元素；可营造造型设计的价值气场；可建立可持续体系服务造型风格、品牌、市场推广；赋予内涵思想的造型能创造更好的用户体验。将用户对造型的使用及感官过程变成一个心灵境界的交互过程。使用户与造型之间思想互动，情感共鸣。使造型“活”起来。

目前在以消费者为导向的市场中，单纯的依赖科技从功能上进行产品创新已经不足以获得消费者的青睐，市场上不同品牌的同类产品在功能、价格、质量等方面已经差异甚小。产品的同质化是产品之间的竞争日趋明显和激烈。很多产品设计门类已经不是功能的竞争，而是造型和设计思想及文化理念所带给人的情感和精神体验。造型中吐露着“气”“神”“韵”“境”“味”的超越性。造型设计是指利用形状、图案或者其结合以及色彩与形状、图案的结合所做出的富有美感并能应用的形体新设计。是一个整体形象过程。

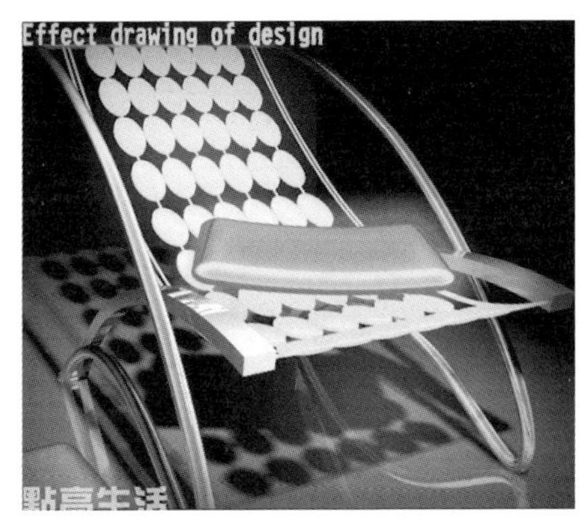

图 1.76　企业文化实践发光的椅子

该企业以生活家居产品为设计方向。主要思路是使家居用品“活”起来，带有情感、带有生命。该企业文化以不断前行，追求品质、点亮生活为宗旨。产品设计中每一个作品都融入了情感的穿透力。造型是情感的载体，情感的交融是造型设计思想里的必要因素。有了情感，造型才有价值意义。

笔者在设计中，将修辞手法运用其中：联想、投射、传神、夸张、拟人等。每一个造型设计都有修辞手法的融入突出生命力。由形式美所体现出的一种抽象的、朦胧的感受来引导用户对现代造型的情感共鸣、并可持续发展、市场推广从而实现造型的价值。使得家居产品造型有了生命。如色彩，光线、投影的融入使产品感官发生变化，传递一种情感。所有的家居用品用图案作为装饰，图案内部安装 LED，通过按压可发光，使传统的家居产品产生视觉变化，点亮生活。

❸ 思考练习

（1）列举多款飞利浦产品，找到其特征符号。

（2）构建你的设计工作室文化。

产　品　专　题　设　计

第二章

新能源专题

新能源又称非常规能源，是指传统能源之外的各种能源形式，指刚开始开发利用或正在积极研究、有待推广的能源，如太阳能、地热能、风能、海洋能、生物质能和核聚变能等。新能源的特点是资源丰富，普遍具备可再生特性，可供人类永续利用。许多国家的政府把新能源的开发置于战略高度，通过立法规定了新能源的概念和范畴，并给予大力支持。本专题强调可持续设计思维，有效利用新能源应用到人们的生活需求当中，反映了在能源危机日渐严重的时代背景下，设计师们对于如何节能生活的深入思考，以及主张降低电力资源消耗的社会责任感。人与自然的和谐相处，也让人们逐渐意识到丰富自然资源的利用价值，它们既能缓解能源危机，也部分满足了人们的生活需求。

2.1 新能源与产品设计概述

当今新能源产品在人们生活中可以说无处不在，我们正逐步进入新能源时代，如太阳能汽车、太阳能热水器、太阳能手机、风能路灯、风能轮船、氢能炉灶、氢能空调、地热温泉系统等。如图 2.1~ 图 2.5 所示为英国生物能汽车，太阳能自行车，风能路灯，热能发电水壶，飞利浦太阳能充电器。

图 2.1 英国生物能汽车

图 2.2 太阳能自行车

图 2.3　风能路灯

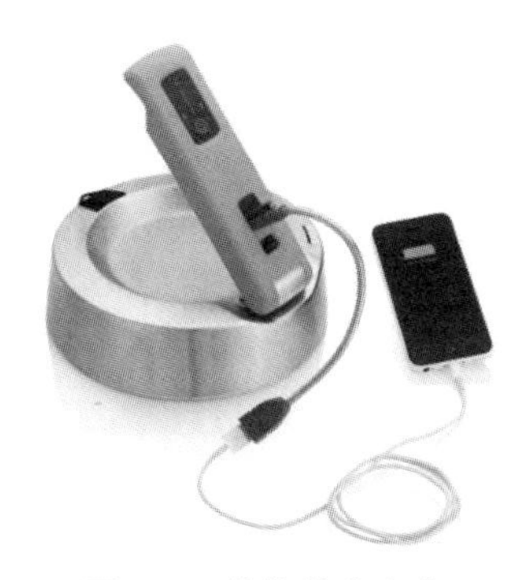

图 2.4　热能发电水壶

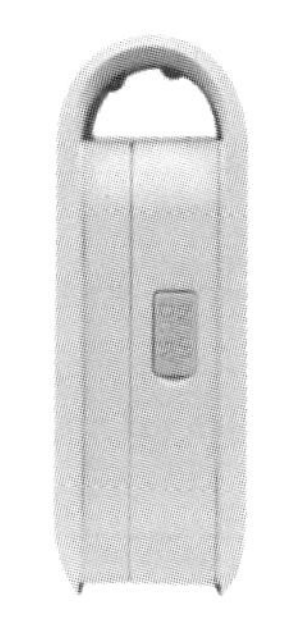

图 2.5　飞利浦太阳能充电器

世界发达国家和地区都把发展新能源作为顺应科技潮流、推进产业结构调整的重要举措。新能源产业的发展既是整个能源供应系统的有效补充手段，也是环境治理和生态保护的重要措施，是满足人类社会可持续发展需要的最终能源选择。新能源产业是衡量一个国家和地区高新技术发展水平的重要依据。新能源产业的飞速发展也铸就了人才市场的需求，如表 2.1 所示是中国新能源企业 30 强，引领着中国在新能源领域不断前进。

表 2.1　新能源企业 30 强

新能源 30 强	简　介
无锡尚德电力控股有限公司	尚德是中国最大的太阳能电池生产商，也是全球最大的太阳能电池生产商之一。作为全球及中国光伏产业的领军企业之一，在光伏自主技术创新以及国际市场开拓方面取得了公认的成就。尚德是第一家在纽交所上市的光伏企业，推动了行业的发展。
比亚迪汽车股份有限公司	比亚迪是全球最大的汽车动力电池供应商之一，是中国乃至全球新能源汽车的领跑者。作为中国新能源汽车的领军企业，比亚迪在锂电池及电动汽车研发领域引领国际先进水平，并且率先生产出双模纯电动和纯电动汽车，在电动汽车行业处于领先地位。该公司获得了投资大师巴菲特的青睐。

续表

新能源30强	简　　介
华锐风电科技（集团）股份有限公司	华锐是中国最大的风电整机生产企业，中国风电产业的领军企业之一，在大功率风电机组及海上风电方面具备国际领先水平，为我国风电机组制造的国产化做出了很大贡献。华锐也是全球最大的风电设备供应商之一。
新疆金风科技股份有限公司	金风科技是中国风电行业的先行者，坚持自主研发，具备3MW风机的自主研发技术，为推动中国风电产业发展做出很大贡献。金风是行业内第一家上市的风电企业，推动了行业的发展。金风还是全球最大的风电设备供应商之一。
英利绿色能源控股有限公司	英利是全球最大的太阳能纵向整合企业之一，中国光伏产业的领军企业之一，以垂直整合产业链取得了行业领先优势。英利积极投身参与公共事业，累计向边远地区捐助1500万元，很好地履行了企业的社会责任。
江西赛维LDK太阳能高科技有限公司	赛维LDK是全球最大的太阳能电池硅片生产商。在光伏晶硅原料和硅片领域具备国内领先的规模和技术水平，通过产业链纵向延伸进一步确立了行业竞争优势。该公司在2009年成功投产万吨级高纯硅项目，打破了国外在此项技术上的垄断。赛维LDK是较早在海外上市的新能源企业之一，推动了行业的发展。
皇明太阳能股份有限公司	皇明是中国最大的太阳能热水器生产商之一，国内光热产品行业的龙头企业，近年来在光伏及节能建筑领域不断创新开拓，成为国内新能源产业的领军企业之一。
中航惠腾风电设备股份有限公司	中航惠腾是中国最大的风机叶片生产商，全球知名的叶片生产商之一。其大型风机叶片已经打入国际市场。该公司在开发新产品的过程中，从产品设计、工艺到模具研制、试验检测等各个方面，取得了一系列关于风电叶片的科研成果，同时也拥有了一批具有自主知识产权的核心技术。
广东明阳风电产业集团有限公司	明阳风电是中国排名靠前的知名风电企业，中国民营风电企业中领军者之一。该公司研发的超紧凑型风机技术为今后大功率风电机组的研发提供了技术基础。明阳风电获得多家国际著名VC投资，即将登陆资本市场。
苏州阿特斯阳光电力科技有限公司	阿特斯是中国光伏产业著名企业，是行业内较早在海外上市的新能源企业之一，近年发展速度很快，其产能在行业中排名靠前。该公司研发的UNG硅组件系列已正式下线，新产品正式投放市场，填补了光伏市场的空白，有利于光伏电池的成本下降。
江苏太阳雨新能源集团有限公司	太阳雨是中国最大的太阳能热水器供应商之一。产品已销往全球一百多个国家。2008年，凭借“保热墙”技术，太阳雨为行业发展做出重要贡献，哈丁博士也因此荣获世界太阳能行业最高奖“霍特尔奖”。
阳光电源股份有限公司	合肥阳光是中国最大的逆变器生产商，技术水平处于国内领先地位。拥有逆变器行业国内唯一的自主创新技术，为解决光伏和风电并网提供了关键性解决方案。

续表

新能源 30 强	简　介
晶澳太阳能光伏科技有限公司	晶澳是较早海外上市的光伏企业之一，国内光伏产业领军企业之一。晶澳在单晶硅电池领域具备国际一流的技术水平和综合竞争力。该公司坚持自主研发，单晶硅电池转换效率达到了 18.7%，在全球大规模光伏电池生产商中处于领先水平。
湘电集团有限公司	湘电集团是国内电力和新能源装备领域的领先企业，开创中国机电产品的多项第一，在风电直流电机等技术领域位居国内前列。该公司是我国机电一体化装备制造的骨干企业，在我国大功率风电机组研发方面处于领先地位。
中国广东核电集团有限公司	中广核是国内核电运营的重点企业之一，同时也大规模投资建设风电、并网光伏电站，是国内领先的清洁能源综合服务集团。
新奥集团	新奥是中国最早致力于清洁能源的民营企业之一，国内领先的新能源综合技术研发服务企业，在生物质能、光伏等可再生能源利用领域具备国内一流的技术水平。新奥还是国内最大的城市燃气运营商之一。
常州天合光能有限公司	天合光能是国内晶硅电池领域领先的企业之一，是光伏建筑一体化领域的领先者。天合光能积极开拓下游应用市场开发，由其研发的原材料回收及废料专有加工技术提高了原材料的利用率，符合低碳经济理念。是行业的推动者之一。
中国核工业集团公司	中核集团是中国最大的核能企业之一。拥有完整的核科技工业体系，是中国核科技工业的主体，同时也是我国核工业发展的核心保障力量。该公司是我国核电行业的领军企业，目前已完全具备了 4 代核电技术的研发能力。今年该公司第 4 代核能技术获重大突破，试验快堆首次临界。
龙源电力集团股份有限公司	龙源电力是中国最早从事新能源开发的电力企业之一，目前是国内最大的风电运营商。在我国风电并网发电突破和生物质能开发方面，建立了从发电到服务的整合化核心竞争力。到 2009 年年底，该公司的风机装机总量达到亚洲第一，世界第五。
保利协鑫能源控股有限公司	保利协鑫是中国领先、亚洲第一、世界知名的多晶硅生产商。是中国光伏产业的领军企业之一。
胜利油田胜利动力机械集团有限公司	胜动集团是我国最大的可再生能源燃气发电机组生产企业，该企业具有强大的技术研发团队，成功研发了适用于低浓度煤层气、沼气、秸秆燃气等的系列燃气发电机组。
南京高精齿轮集团有限公司	南京高齿是中国最大的风电齿轮箱供应商之一。国内生产风力发电主传动及偏航变桨传动设备主要厂商，在大功率风机齿轮技术方面取得国内领先水平。
中国大唐集团公司	大唐集团是我国最大的电力企业之一，担负着可再生能源发电配额的重任。作为中国 5 大发电集团之一，大唐集团近年来在清洁煤利用、生物质能、光伏和风力发电、碳交易等新能源相关领域表现突出，致力于成为中国领先的清洁能源集团。

续表

新能源 30 强	简　　介
浙江正泰太阳能科技有限公司	正泰太阳能是国内非晶硅薄膜电池行业的领先企业之一，通过吸收国际先进技术突破技术瓶颈，在薄膜光伏领域取得领先水平。
上海杉杉科技有限公司	杉杉科技是中国第一、世界最大的锂电池正负极材料供应商之一，是汽车动力电池重要的材料供应商。杉杉科技从锂电池负极材料起步，相继建立起锂电池正极材料、电解液等完整锂离子电池材料生产线。致力于成为动力电池领域全球领先的企业之一。
中通客车控股股份有限公司	中通客车是中国新能源客车的领跑者。是我国唯一一家纯电动及混合动力大型客车的生产企业。
中国电力投资集团公司	中电投集团是5大发电集团之一，清洁能源已占集团总发电量的30%，居5大发电集团首位。中电投还是电力装备行业的重点龙头企业，为我国智能电网建设的装备升级做出了重要贡献。
中国华能集团公司	华能是中国5大发电集团之一，除在火电清洁煤利用领域取得新的突破之外，同时在新能源领域积极拓展。近年大规模投资风能和太阳能电站，致力于成为中国领先的清洁能源集团之一。
常州亿晶光电科技有限公司	亿晶光电是全球排名前列的具备垂直一体化的光伏企业，其电池片产量已跻身全国前10位，是全球最大的单晶垂直一体化光伏企业。2009年，亿晶光电荣获福布斯“2009中国潜力企业榜”。该公司自行研制的低成本高效率太阳能电池银浆技术填补了国内空白，打破了国际垄断。该公司在国内主板上市。
江苏林洋新能源有限公司	林洋新能源是国内光伏产业著名企业，是一家集硅棒、硅片、太阳能电池片、电池组件、BIPV的研发、系统与一体的国内领先企业之一。公司于2006年12月21日在美国纳斯达克成功上市，公司产品质量均达到国际同类产品的先进水平，市场占有率和知名度居行业前列。

作为产品设计师，我们的责任是通过创意创新，将这些新能源技术应用到生活的各个领域当中，服务人们的生活，满足人们的需求，保护好环境。

2.2 太阳能在产品设计中的运用与实践

❶ 太阳能

太阳能一般指太阳光的辐射能量。太阳能的主要利用形式有太阳能的光热转换、光电转换及光化学转换三种主要方式。利用太阳能的方法主要有：

太阳能电池，通过光电转换把太阳光中包含的能量转化为电能；太阳能热水器，利用太阳光的热量加热水，并利用热水发电等。太阳能清洁环保，无任何污染，利用价值高，太阳能更没有能源短缺这一说法，其种种优点决定了其在能源更替中的不可取代的地位。

❷ 应用案例

由瑞典能源公司开发的“SolTech”将传统屋瓦与太阳能电池相结合，通过将玻璃瓦安装在高效的单晶硅太阳能电池板上进行发电，如图 2.6 所示。这不但可以高效收集能量和发电，还可以有效防止太阳能电池的损坏或者被盗，同时太阳能电池板在捕捉太阳能之后与楼内既有的供热系统相结合，利用储存装置储存能源，为使用者提供一整年的热水和供暖。

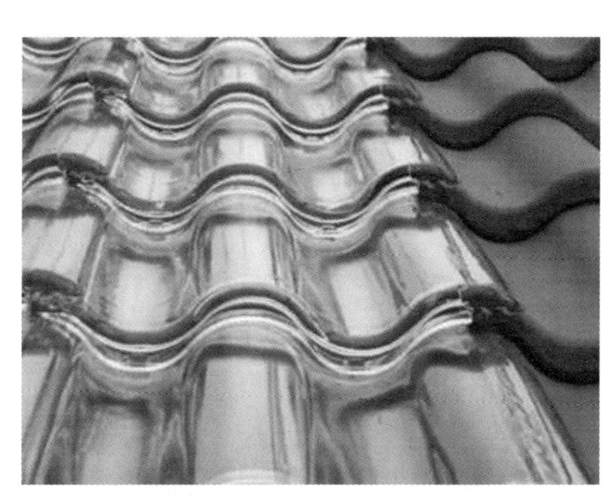

图 2.6　瑞典太阳能屋瓦

图 2.6　续

冬天虽然冷，但阳光还算充足，如图 2.7 所示。这件后背上披着太阳能电池板的冬装外套可为多种电子设备充电，配有两个 USB 口，总储电量大约为 6000mA，足够应急，而且随时都会有能量输入。当然，如果觉得阳光充电太慢，也可把里面的电池直接拿出来充电。

图 2.7　太阳能服装

如图 2.8 所示，这款为缺乏电力地区设计的太阳能气囊灯由柔软但不宜破损的塑料材质制成，使用者可膨胀或压缩塑料灯筒以适应不同的使用场合，如悬挂、手提、折叠外出等。此外，灯重仅为一百余克，拿在手里相当轻便；其内置一块锂电池，太阳能充电 6 小时可使用持续 6~12 小时，并且亮度足够，为人们带去更丰富多彩的夜生活。

图 2.8　太阳能气囊灯

多年来，太阳能电池汽车一直作为各大汽车厂商的概念车型或者说是噱头，似乎仍然没有量产上市，进入普通家庭的趋势。近日，荷兰埃因霍温大学的太阳能研究团队成功发布了 STELLA，一辆真正意义上的家庭用太阳能轿车，如图 2.9 所示。这辆超低轿车以碳纤维与铝为主要材料，车身轻盈且坚固，内部空间可舒适地乘坐 4 个人，车顶太阳能电池板能够产生足够的电量，并有一部分存储进电池以备后用。此外，该车还拥有一流的驾驶操控界面，为驾驶者带去流畅先进的用户体验。

罗技公司近日推出了世界上第一款太阳能无线键盘，如图 2.10 所示。这款键盘顶部装有一排太阳能光电板，可以通过阳光或普通灯光为其充电。当电量充满时，它可以在黑暗的情况下连续工作长达三个月的时间。键盘上还附有光照量提示，能随时随地告诉用户当前的照明强度。此外，这款键盘采用可回收塑料制成，在保证产品质量与寿命的同时，也体现罗技的节能、环保理念。

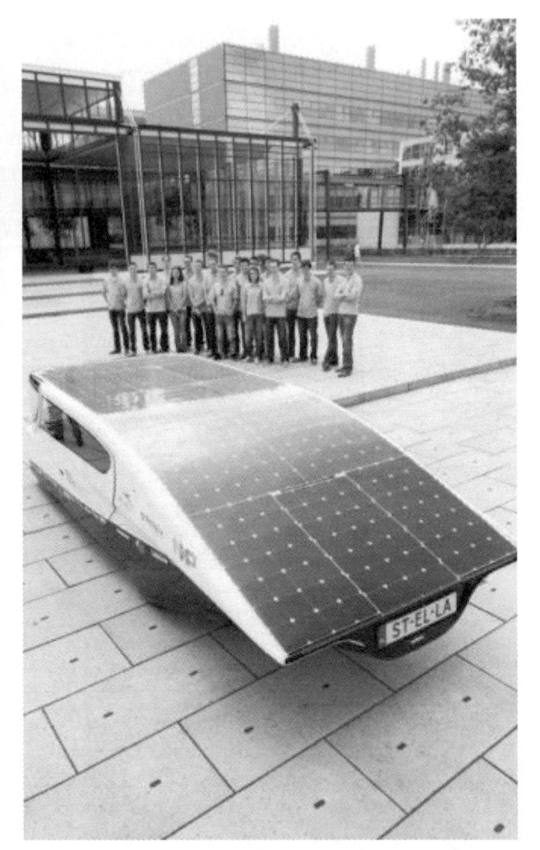

图 2.9　太阳能汽车

图 2.10　罗技太阳能键盘

如图 2.11 所示，这款新型小艇由铺满船面的光电伏太阳能板提供工作能源。船长 31m，宽 15m，而船面的太阳能板就有五百多平方米，是至今为止全球最大的太阳能船只。该船可以通过太阳能板吸收 103.4kW 电量，而在仅需 20kW 能量驱动的引擎带动下，该船每小时平均时速可达 15km。据估计，该船的最高时速可达 30km。

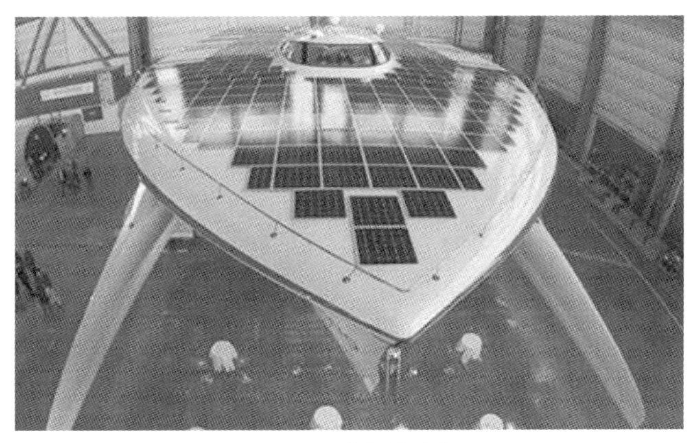

图 2.11　太阳能小艇

如图 2.12 所示是一款由意大利设计师推出的概念型太阳能居所设计，现已建成。它采用丙烯酸玻璃，可增强空气和光线的流通性，其外表面覆盖着优质的意大利卡拉拉大理石。为了让轮廓更加突出，这些大理石面板上还设置了照明背光。这个豆荚形空间的大小是 9m×4.5m，它的内部空间比人们想象的要大，且使用者可以重新布置内部设施，从而更好地满足需要。安装在天窗位置的太阳能电池，会为其提供必需的能源。

图 2.12　太阳能居所

每到炎热的夏天，当你头顶烈日时是否想到过让刺眼的阳光也做点儿好事呢？如图 2.13 所示，这款可以夹在帽子上的太阳能风扇利用太阳能驱动风扇为使用者带来习习凉风，吸收了热量，带来了凉爽，一举两得。

图 2.13　太阳能风扇

如图 2.14 所示，这款落地灯的造型有些类似于雨伞，而且它的原理也与前面介绍过的一款可以利用白天吸收的太阳光来提供夜间照明的“太阳伞”非常类似。这款产品同样可以在白天吸收日照，晚上再利用白天吸收的太阳能来点亮内置的 LED 灯。由于其顶棚采用透明的材料制成，因此到了晚上，在 LED 的映衬下显得格外有情调。

图 2.14　太阳能落地灯

如图 2.15 所示是一款非常环保的台灯，它的思路与之前介绍的一款“太阳能桶”相同。同样可以在白天吸收并储存太阳能，以供给夜晚的照明。不过这款产品还有一个非常有趣的地方，白天的时候可以将它倒放过来就好像是一盆植物一样在吸收着太阳光。而到了晚上再将它翻转回来就可以当作台灯来使用了。在光照较强的夏天，每充电 10 小时，最多可以提供长达 40 小时的照明。而即使是在光照较弱的冬天，每天充电 8 小时，也可以提供约两小时的照明。

图 2.15　太阳能台灯

将现代科技与传统设计结合在一起的产品往往很容易吸引眼球，例如之前介绍的一款“感应式 LED 蜡烛”就是很不错的产品。看过了蜡烛，下面就再来介绍一款灯笼。如图 2.16 所示，这款灯笼可以直接通过吸收太阳能来获取电力，只要挂在阳光下它就能够自动充电并在夜幕降临，亮度降低到一定程度时自动点亮。更有趣的是，它还采用了收缩式的设计，可以随身携带。

图 2.16　太阳能小吊灯

❸ 寻找设计点

本环节的目的是开发设计者的发散思维、突破思维，提高创新能力，充分利用太阳能的创意进行思考。首先要选择载体，什么物品或设施会经常在阳光下，才有太阳能创意应用的机会？寻找载体是设计的关键点。比如晾衣架是为了晾晒衣服而存在的，肯定是在阳光下。是否可借用晾衣架做创意设计？比如家里的窗帘，白天屋子里可能没有人，这种情况下还能做什么？比如汽车在停车位停放，会晒在阳光下，甚至还专门有遮阳挡板，与其遮阳不如利用阳光。比如沙滩、露营会有很多帐篷会在阳光下。比如家里的花盆，一般为了植物生长会在阳光下摆放等这些是否可以成为载体？

其次，要将太阳能电池板、太阳能薄膜与载体进行连接，吸收太阳能通过装置转换为电能应用到载体上。太阳能板形状、材料、位置要设计合理，既能充分吸收太阳能，又能使效果美观、大方。

（1）普通汽车遮罩＋太阳能板＝太阳能遮罩

遮挡阳光不如利用阳光，遮挡的同时，白天还可收集太阳能，存储电量，可供用电产品如车载净化器、车载充电器等使用，引发读者实践性思考。遮阳罩如图 2.17 所示。

图 2.17　遮阳罩

（2）普通衣架＋太阳能板＝太阳能衣架

如图 2.18 所示，将衣架造型进行改进，安装太阳能电池板，不晒衣服的同时，吸收太阳能，能源可以用于除味，或者储存电量为家庭服务，引发读者实践性思考。

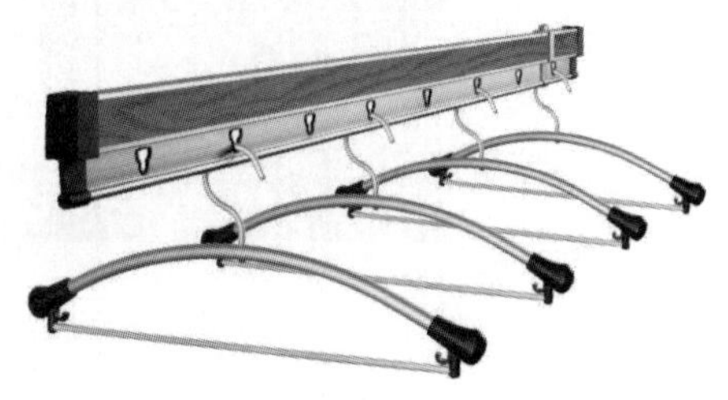

图 2.18　衣架

（3）花盆＋太阳能板＝太阳能发光的花盆

如图 2.19 所示，将花盆的外部安装太阳能板，收集能源转换为电能，可在夜间发光，既可照明又促进光合作用，引发读者实践性思考。

（4）帐篷＋太阳能板＝多功能帐篷

如图 2.20 所示的多功能帐篷是一些民居或露营驴友的好帮手，它可以收集能源，为使用需求供电，引发读者实践性思考。

图 2.19　花盆

图 2.20　多功能帐篷

（5）遮阳伞＋太阳能薄膜＝多功能雨伞

如图 2.21 所示多功能雨伞的发光功能可以用于晚上行走，还能引起路人车辆注意，蓄电可以用于其他电子产品充电。

图 2.21　雨伞

❹ 设计实践

如图 2.22 所示，笔者指导的学生设计作品《太阳能公交车站》获得全国节能减排设计大赛国家级三等奖，就是将太阳能应用到公交车候车亭中。路人等候、路过时，可以为电子设备及电动自行车充电，用于应急使用。

如图 2.23 所示，笔者设计作品《绽放——照明工具》将太阳能应用到灯具当中。灯具可作为便携式照明工具和壁灯使用。内置折扇形设计可作为灯罩使用，使光源效果产生不同。折扇合拢是一款外观精巧的便携灯；折扇打开成百褶圆形，如绽放的花朵，可作为壁灯使用。现代简约的设计又不失浪漫情怀，光感温馨柔和。人性化的设计，根据造型的变化营造不同的光照效果及气氛来满足用户的需求。太阳能充电板与灯身一体，节能环保，美观大方。

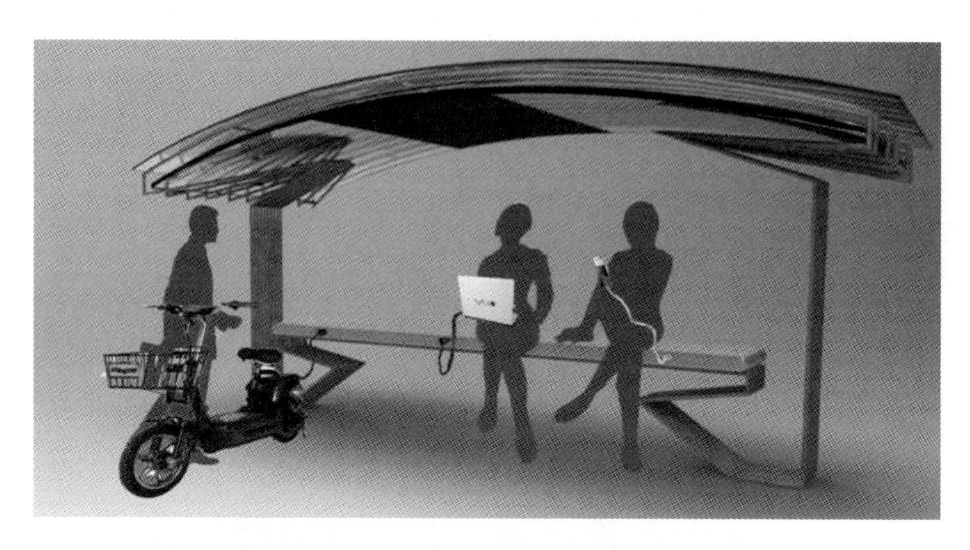

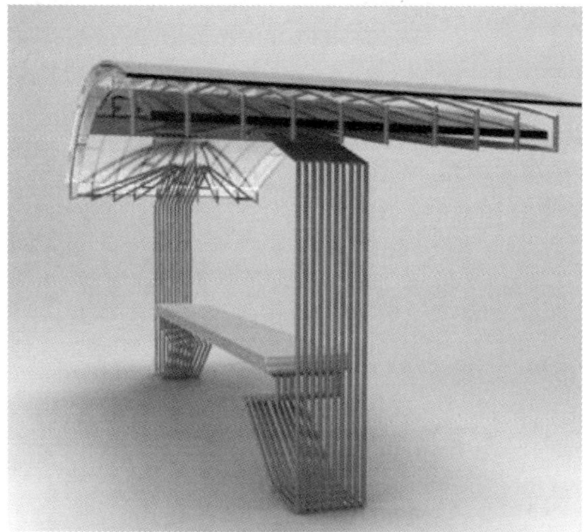

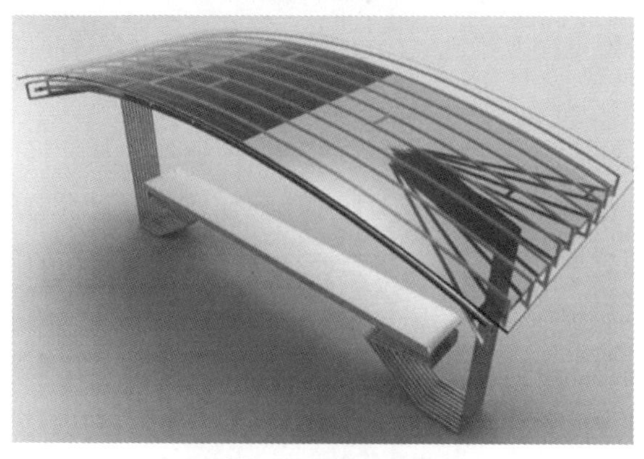

图 2.22　太阳能公交车站

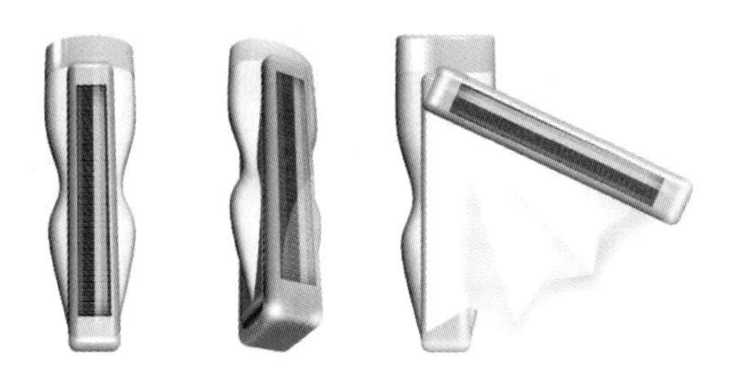

产品展示图

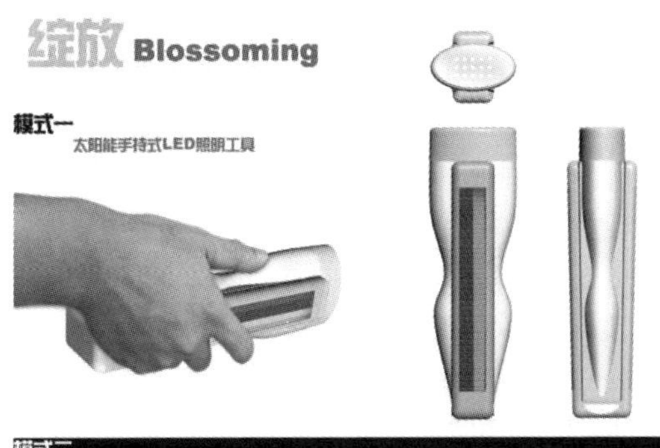

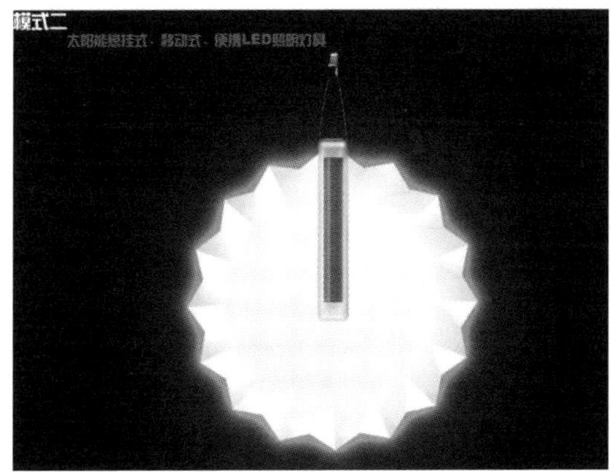

图 2.23　太阳能灯具

如图 2.24 所示，笔者设计作品《太阳能薄膜窗帘》的设计思路是将太阳能薄膜与平日生活当中的窗帘相重构，将收集的太阳能转化成电能为生活服务，普及千家万户。可通过智能信息设计与手机、网络相连，达到控制的目的，方便用户使用。灯具可作为便携式照明工具和壁灯使用。

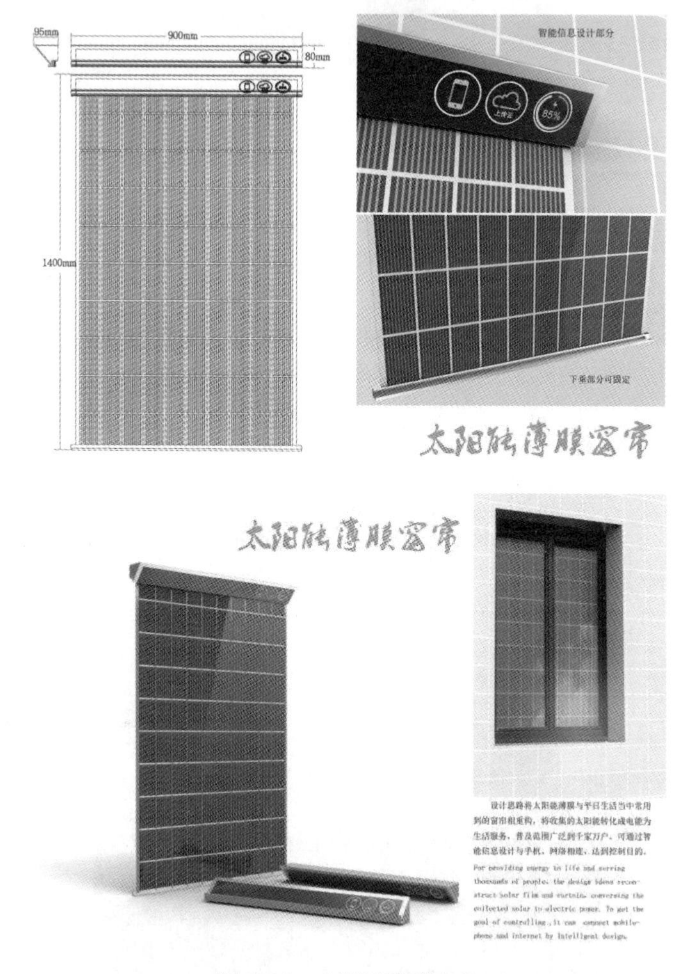

图 2.24　太阳能薄膜窗帘

❺ 设计练习

（1）设计一款太阳能家居用品，注意考虑人与产品与环境的关系，注重创新性、可实现性。

（2）设计一款太阳能露天广场公共设施，注重环境数据资料的报告整理，产品的易人性研究。

2.3 风能在产品设计中的运用与实践

❶ 风能

风能是因空气流做功而提供给人类的一种可利用的能量。空气流具有的动能称为风能。空气流速越高，动能越大。人们可以用风车把风的动能转化为旋转的动作去推动发电机，以产生电力，方法是透过传动轴，将转子（由以空气动力推动的扇叶组成）的旋转动力传送至发电机。

❷ 设计案例

如图 2.25 所示，这是一款国外以风力发电为能源的路灯，它与涡轮机路灯的工作原理略有相似。由于哥伦比亚的滨海地区没有接通电缆，为了解决这个区域的照明问题，设计师因地制宜地设计了这款风能路灯。它以天然的竹子为原料，灯体为精心设计的竹筒，这些竹筒按一定规则有序地螺旋排列于灯柱之上。螺旋状灯体与竹筒的外侧尖角大大地提高了风能的利用率，使其更好地完成照明工作。除此之外，它美观的造型又给迷人的海滨增添了一道风景线。

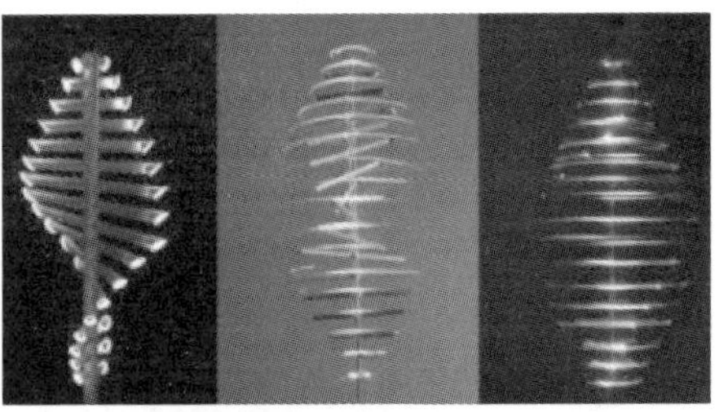

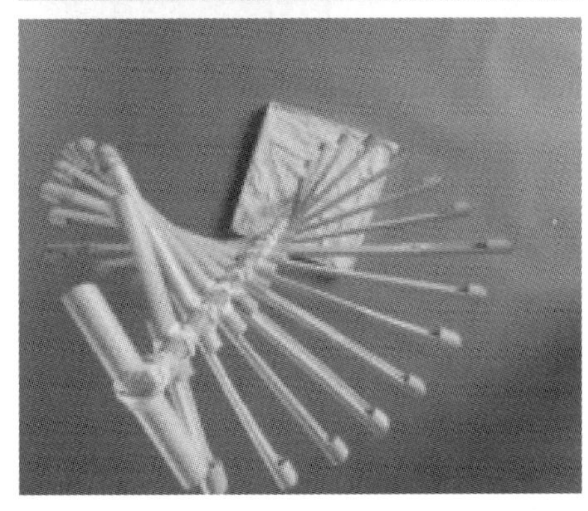

图 2.25　风力发电路灯

为了能够利用高层建筑的独特优势充分利用风能，英国的建筑师们计划在伦敦的一些高层建筑上安装图 2.26 所示的三片装的风力涡轮，每个涡轮的直径为 9m，通过高空获取的风能来供给大厦内的用电。

图 2.26　风力发电建筑

意大利设计师提出了建造太阳风桥，充分利用桥梁所在位置和高度捕获两种绿色能源——太阳能和风能，如图 2.27 所示。太阳能电池板每年最多可产生 1120 万千瓦时电量。除此之外，桥梁支撑结构之间的空隙还安装了 26 台风力涡轮机，每年可产生 3600 万千瓦时电量。所有这些电量可满足 1.5 万个家庭的用电需求。

图 2.27　太阳能风桥

❸ 寻找设计点

风能的设计必须要有风的存在，什么位置会有风，才有风能创意应用的机会。寻找载体是设计的关键点。

比如高空会有大风？什么会在高空？高层建筑的屋顶、风筝等。比如草原、山顶、海上会有大风，最典型的就是利用风能在海上航行的帆船。比如速度会产生大风，车的速度、奔跑的速度、地铁、隧道里等，如图 2.28 所示。

图 2.28　创意参考图

❹ 设计实践

如图 2.29 所示，笔者的这款手电筒设计采用笔者设计的风能发电照明，一头用来风能发电，另一头照明，既环保又方便，使用者可以发现乐趣，增加使用的愉悦感。

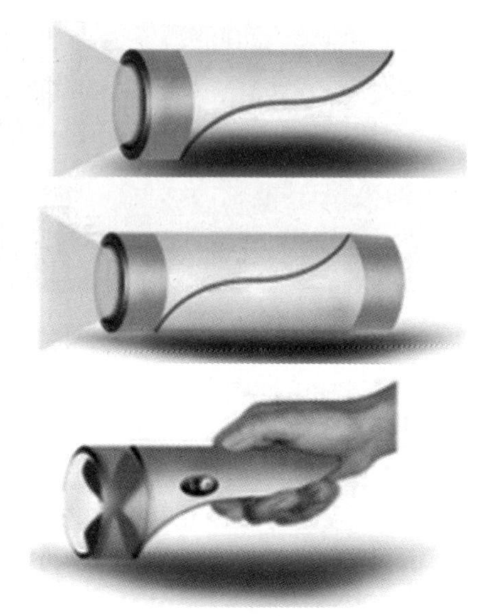

图 2.29　风能手电筒设计

❺ 设计练习

（1）设计一款风能家居用品，注意考虑人与产品与环境的关系，注重创新性、可实现性。

（2）设计一款风能公共设施，注重环境数据资料的报告整理，产品的易人性研究。

2.4　动能在产品设计中的运用与实践

❶ 动能

物体由于运动而具有的能量，称为物体的动能。它的大小定义为物体质量与速度平方乘积的一半。有效运用动能将其转化为电能或其他，可服务人们的需求。

❷ 设计案例

市面上会常见到手摇发电手电筒、按压式手电筒，这些都是利用切割磁力线将动能转为动能，如图 2.30 所示。

在英国一些人流较大的场所如学校、地铁站出口、过街天桥等处都会看到如图 2.31 所示的这种嵌在绿色板砖中的地灯，这是英国一个绿色组织正在筹备的一款动能转换产品，它可以将行人踩踏或蹦跳产生的能量转换为持续不断但又绿色环保的电能，只需轻微一点儿力气便可产生可观的电量。虽然该设想早有人提出，但此项目或许才是首个付诸实践并大规模投入运营的成功案例，我们期待它能惠及更多的城市与地区。

图 2.30　动能手电筒

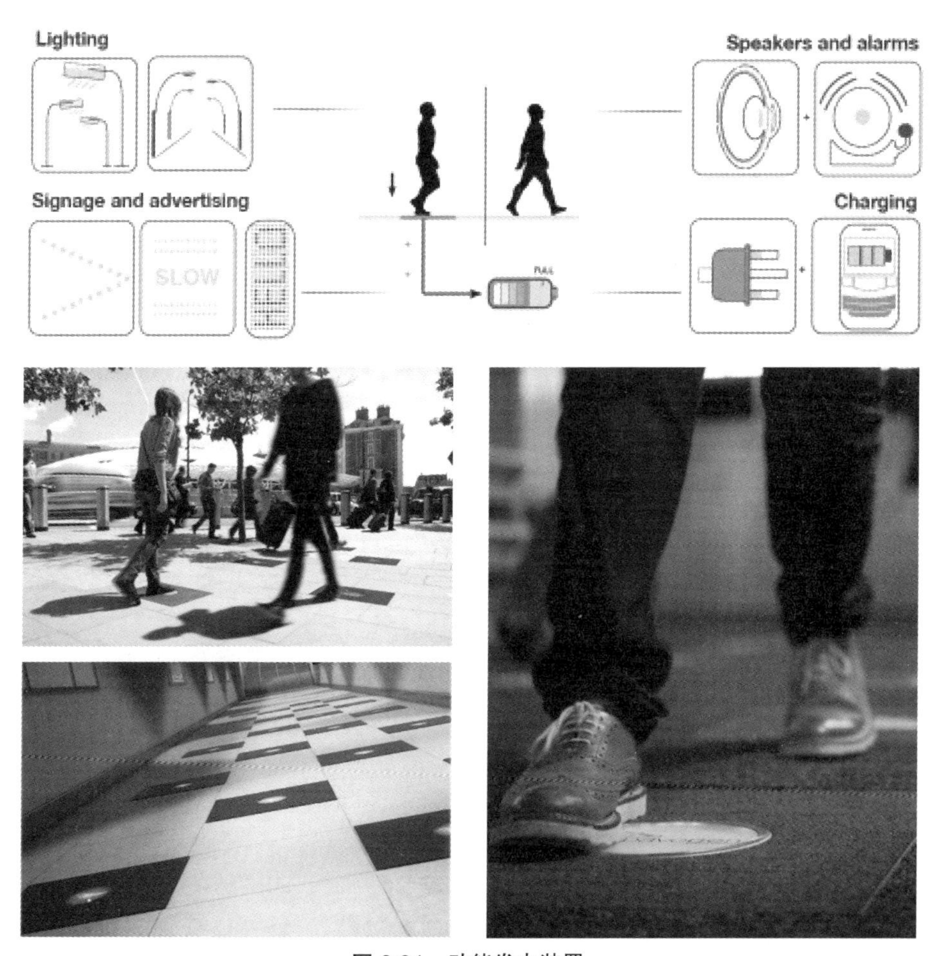

图 2.31　动能发电装置

有水的地方就有电。Estream 是一款水瓶大小的便携水力发电装置，只要有流动的水源它就能将动能转换为电能，如图 2.32 所示。

图 2.32 水力发电装置

❸ 寻找设计点

我们热爱生活、关注生活。在生活中有很多事物需要我们去发现美妙。比如下雨，我们可不可以利用雨水或是形成的冷凝水设计一些产品？比如人的运动，在运动的同时释放了很多能量。人的散步，人坐在摇椅上看报纸，人在跑步、健身的时候，人冬天冷的时候会搓手取暖，如图 2.33 所示，这些

图 2.33 创意参考图

都是在创造能量。我们可以先大胆地想可不可以把这些能源储存呢？某个动作或者行为将能量的释放，将这种能量收集并转化成其他能源加以利用。试想一下带运动的情景。可否通过某装置将其能量转化为电能？

❹ 设计实践

图 2.34 所示为笔者设计的旋转手机，它正是抓住了人们的这一“特殊”的生活习惯，并从儿时的游戏——陀螺中获得灵感，融入其中。我们可以随时像玩陀螺一样，旋转这款手机的同时抓住“小动作”这一元素结合绿色设计理念，通过特殊的结构，将人们旋转手机的动能转化为电能，并储存起来作为手机的能量来源之一。此外，迎合旋转特征，设计还整合了复古的电话拨号方法，即通过手动拨转数字键来拨打电话号码，不但有复古文化的时代流行特点而又有情趣。同时在这一过程中，也能将旋转的能量转化成手机的储备电能，从而达到环保的目的。此外，灵活的人性化界面设计迎合手机创意于一体，整体外观具有金属色泽，圆形闭合，如首饰镜一般时尚美观，携带方便。

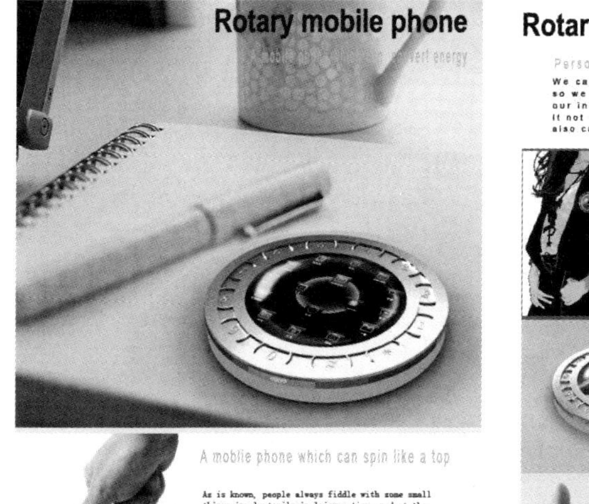

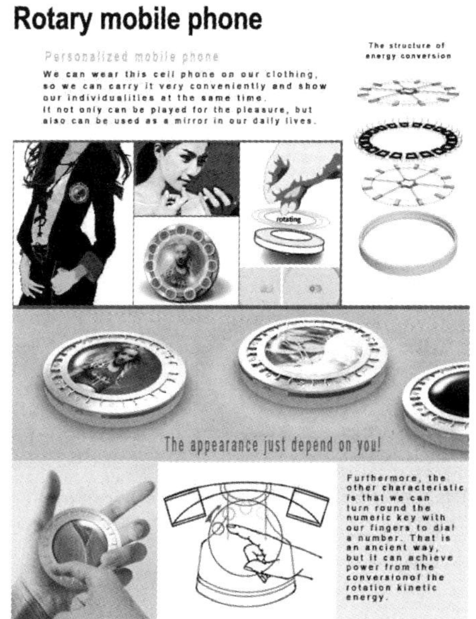

图 2.34　旋转手机

❺设计练习

（1）设计一款动能家居用品，注意考虑人与产品与环境的关系，注重创新性、可实现性。

（2）设计一款动能公共设施，注重环境数据资料的报告整理，产品的易人性研究。

产 品 专 题 设 计

第三章 绿色设计专题

目前，在倡导低碳，通过创建低碳生活，发展低碳经济，培养可持续发展、绿色消费、节约资源、文明低碳的文化理念，形成具有低碳消费意识的“橄榄形”公平社会的当下，“绿色生活”便是当今社会的流行语，更是关系到人类未来的战略选择。从国家政治、经济到个人的生活方式或者消费习惯进行改变，一起构建节约型社会，促进经济的可持续发展，意义十分重大。

绿色生活已经席卷全球，包括绿色出行、绿色消费、绿色生产等。产品作为联系生产与生活的一个中介，对当前人类所面临的生态环境问题有着不可推卸的责任。如果以产品为核心，把产品生产过程以及产品的使用和用后处理过程联系起来看，就构成了一个产品系统，包括原材料采掘，原材料生产，产品制造使用，以及产品用后的处理与循环利用。在该产品系统中，作为系统的投入（资源与能源），造成了资源耗竭和能源短缺问题，而作为系统输出的“三废”排放却造成了污染问题，因此所有的生态环境问题无一不与产品系统密切相关。因此，从产品的开发设计阶段，就需要进行产品绿色规划。开发和设计对环境友好的产品已成为当前国际产业界可持续发展行动计划的热点。

产品设计是一个将人的某种目的或需要转换为一个具体的物理形式或工具的过程。传统的产品设计理论与方法，是以人为中心，从满足人的需求和解决问题为出发点进行的，而无视后续的产品使用过程中的资源和能源的消耗及对环境的排放。因此，对传统的产品开发设计的理论与方法必须进行改革与创新。研究“绿色生活”产品设计方法系统理论新理念。目前，北美、欧洲以及日本等国家和地区已经将绿色理念作为国际竞争策略的一项重要部分，绿色可持续设计理念可以大大提高企业的环保形象，显示承担社会责任的角色，有利于获得国家政策及资金支持，同时可以在营销环节占有较强竞争优势。对于绿色可持续设计理论的研究，国内外大多集中在产品的使用维修、面向回收的设计、绿色设计的原则、绿色材料选择与绿色材料的开发、清洁生产、绿色包装和产品生命周期评价等绿色技术方面。

“绿色生活”产品设计方法系统研究作为一个能减少原生能源消耗和增

加再生能源补充的有效手段、维护人类社会安全生存与持续发展的宏观理念，应用于某种产品的某个生产环节或技术层面，还应用于产品从开发设计到废弃回收的整个生命周期，成为人们永久性的思想共识和行为准则。为树立可持续发展的生态价值观、建设节约型社会、绿色产品设计方法研究提供资料，具有一定的现实意义。

3.1 绿色设计概述

绿色设计是指在产品整个生命周期内，着重考虑产品环境属性：可拆卸性、可回收性、可维护性、可重复利用性等，并将其作为设计目标。在满足环境目标要求的同时，保证产品应有的功能、使用寿命、质量等要求。绿色设计反映了人们对于现代科技文化所引起的环境及生态破坏的反思，同时也体现了设计师道德和社会责任心的回归。绿色设计着眼于人与自然的生态平衡关系，在设计过程的每一个决策中都充分考虑到环境效益，尽量减少对环境的破坏。绿色设计不仅要尽量减少物质和能源的消耗、减少有害物质的排放，而且要使产品及零部件能够方便地分类回收并再生循环或重新利用。绿色设计不仅是一种技术层面的考量，更重要的是一种观念上的变革，要求设计师将重点放在真正意义上的创新上面，以一种更为负责的方法去创造产品的形态，用更简洁、长久的造型使产品尽可能地延长其使用寿命。

远古的人类，磨石为刀，削木成箭，抓住了造物的本质。通过应用、感觉，进而使之得心应手，却从不去雕饰形态。“舍”得大胆，“取”得精简。芬兰设计大师卡伊・弗兰克说：“我不愿意为外形而设计，我更愿意探究餐具的基本功能——用来做什么？我的设计理念于其说是设计，不如说是基本想法。”这种注重产品功能，以“为大众提供人人都觉得好”的设计宗旨正是“绿色设计”与“艺术”的完美体现。

时代在前进，人类生活水准在提高，生活节奏在加快，生产效率在突飞猛进，但同时面临能源的短缺、工业垃圾日益增加等诸多困惑。这些都要求伴随人类生活和工作的产品应该简洁明快，新颖亲切，具有一种与信息时代相关联的现代感，包含一种同现代生活相符合的精神。成功的“绿色设计”

的产品来自于设计师对环境问题的高度意识，并在设计和开发过程中运用设计师和相关组织的经验、知识和创造性结晶。

3.2 绿色材料在产品设计中的运用与实践

❶ 绿色材料

绿色设计的第一步是材料选择，绿色材料是指在满足一般功能要求的前提下，具有良好的环境兼容性的材料。绿色材料在制备、使用以及用后处置等生命周期的各阶段，具有最大的资源利用率和最小的环境影响。一般情况下，我们会优先选用可再生材料及回收材料，并且尽量选用低能耗、少污染的材料，环境兼容性好也是绿色材料需要注意的地方，有毒、有害和有辐射性的材料必须避免，所用材料应易于再利用、回收、再制造或易于降解。为了便于产品的有效回收，还应该尽量减少产品中的材料种类，还必需考虑材料之间的相容性。材料之间的相容性好，意味着这些材料可一起回收，能大大减少拆卸分类的工作量。无论是材料、工艺、结构还是包装设计，都是与绿色密不可分的。绿色设计可以是选择环保材料，也可以是在设计过程中尽量不浪费材料并使材料能保证被回收。

❷ 设计案例

如图 3.1 所示是利用竹子为材料的华硕笔记本设计。竹材相较于生长周期漫长的木材而言，是一种非常难得的天然绿色材料。竹子具有生命周期短、生长快速和利于回收的特性，3

图 3.1　竹子笔记本设计

或 4 年就可成材，且一根竹子可能繁殖出 200 株竹子，这对于环境恶化、天然林存量甚低的我国来说，尤其值得开采利用。

图 3.2　竹子手机设计

英国学生 Kieron-Scott Woodhouse 设计了一种由竹子制成的智能手机 ADzero，如图 3.2 所示。用纯天然的竹子取代了手机的金属或塑料外壳，既坚硬又耐用。采用安卓（Android）操作系统。

图 3.3　竹子牙刷设计

牙刷的更换频率大约为三个月，虽然远跟不上塑料袋的丢弃率，但它对环境的负面影响也相当恶劣。如图 3.3 所示，这款牙刷拥有一把纯竹制握柄，而牙刷毛也是使用可完全降解尼龙纤维为原料制作。如此环保的材质加上天然舒适的手感，备受消费者青睐。

一位国外设计师经过反复试验，终于用一种防水的纸质材料做出了如图 3.4 所示这款一次性剃须刀。即拆即用，安全方便，更可回收利用，比起市面上常见的一次性塑料剃须刀来说，非常环保。

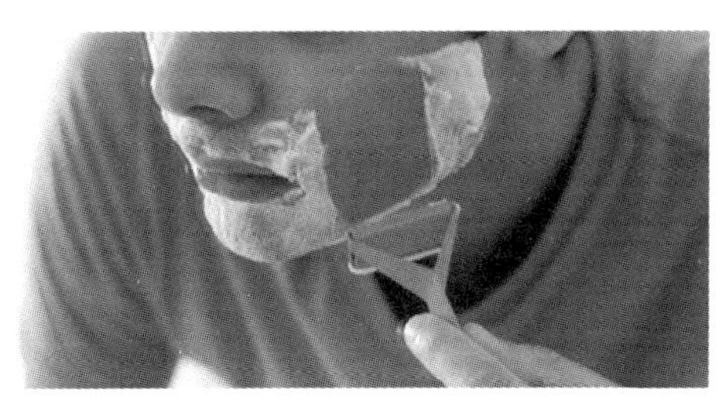

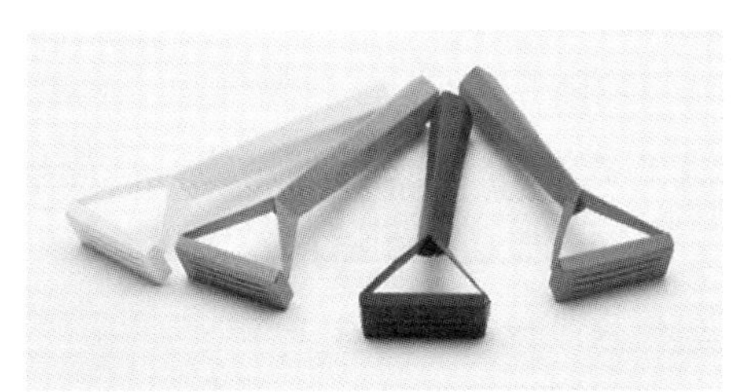

图 3.4　纸质剃须刀

日本 Wasara 设计工作室推出的如图 3.5 所示这套一次性餐具优雅大方，简洁而极富功能性，略带弯角的方盘与三角盘能够平稳地单手把控。整套餐具以竹子、苇浆、甘蔗废料制作，外观颇有陶瓷制品的感觉，而且价格低廉。

图 3.5　环保餐具

Bakeys 是由印度发明家设计的环保餐具，它由大米粉、小麦粉等原料制作而成，放在热饭或热饮中，短时间内不会变软，最后，可将其一起吃掉，减少一次性餐具的使用，保护环境，如图 3.6 所示。分为甜、辣、普通三种大类，累计 8 种不同的口味。

如图 3.7 所示，植物纤维花盆在国外早已风靡。荷兰政府在 10 年内用环保花盆完全替代之前使用的塑料花盆。植物纤维花盆是利用农作物秸秆等固体废物，如稻壳、稻草、甘蔗渣、麦秸、麦麸、玉米芯、玉米秸秆、花生壳以及其他农作物秸秆等作为原料，采用先进工艺制成的一种新型的可生物降解的环保花盆。

柔弱易碎的鸡蛋想要在运输途中保持完好，就需要全方位防护。如图 3.8 所示，这套使用单一纸板稍加折叠与挖孔制作的鸡蛋盒既能稳稳地将其固定在盒子内，又由于三角形结构，提供了极强的抗压能力。虽说盛装数量略少，但保存完整度绝对接近完美。

图 3.6　环保餐具

图 3.7　植物纤维花盆

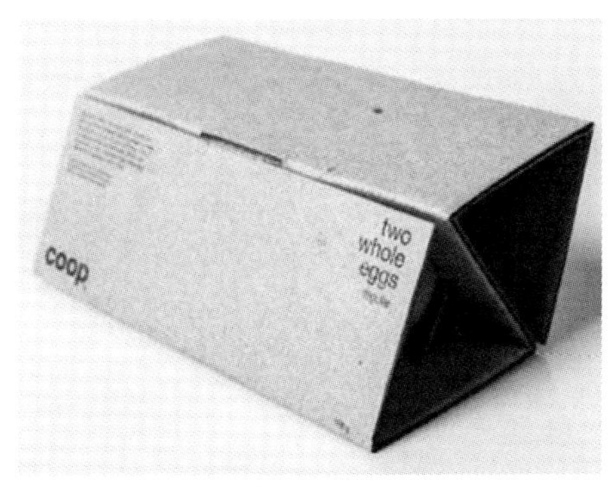

图 3.8　安全鸡蛋盒设计

❸ 寻找设计点

选择纸质材料，由二维转换为三维，寻找创意灵感，如图 3.9 所示。

纸能做成什么产品？

比如卷成纸筒与手柄相似，进行造型同构处理。

比如卷成纸筒可以成为管道，对声音传输起到作用。

图 3.9　创意参考图

比如折叠成果盘、折叠成椅子、折叠成花瓶、折叠成……

这“张”纸筒手电仅需一个 LED 灯及电池，卷起后，“嵌入”纸张的 LED 灯便自动向内伸出并点亮，摊开后又归回原位，简单方便，如图 3.10 所示。

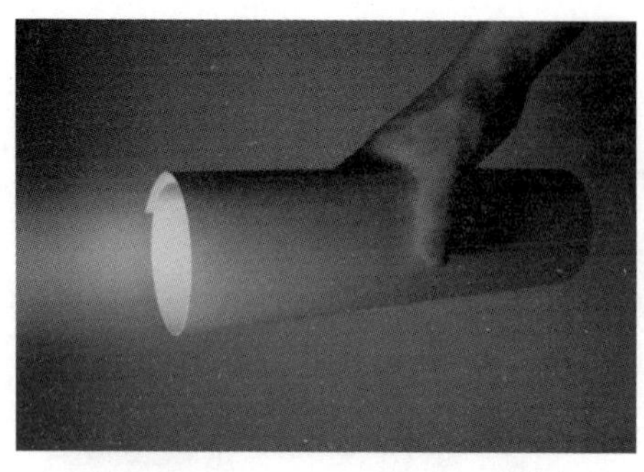

图 3.10　纸质手电筒

只需围上一张纸，夹子一夹就变吊灯了，如图 3.11 所示。

通过折叠，可制作成手机专用喇叭，如图 3.12 所示。

如图 3.13 所示纸质收音机（Cardboard Radio），来自英国 Suck UK 的创意。这种古老且看上去昏黄的纸材，传递着年代的风情。

图 3.11　纸质吊灯

冰岛的设计师 Jón Helgi Hólmgeirsson 给环保达人们做了一个良好的示范。Eyktir 是冰岛表示时间的单位，从前冰岛人将一天分成 8 个 Eyktir；一个 Eyktir 等于三个小时，Jón Helgi Hólmgeirsson 从传统中汲取创意，使用可以生态分解的纸板作为原材料，制作出了如图 3.14 所示这款 Eyktir clock 时钟。

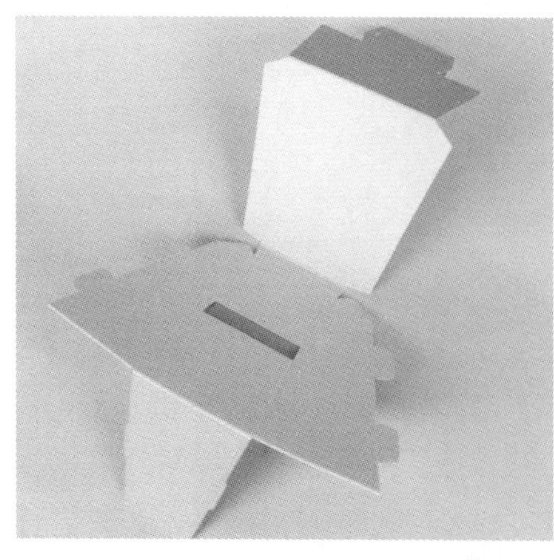
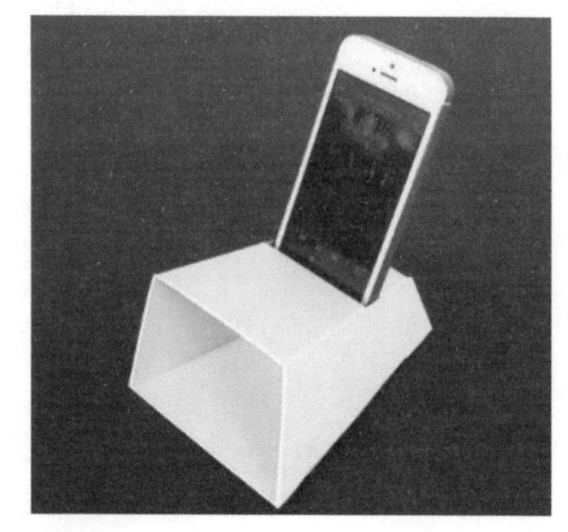

图 3.12　纸质喇叭

图 3.13　纸质收音机

图 3.14　纸质时钟

还有如图 3.15 所示这种纸质相机，体现着环保的传递。

图 3.15　纸质相机

英国大学生 Jake Tyler 发明了世界上第一台瓦楞纸制的吸尘器，如图 3.16 所示。

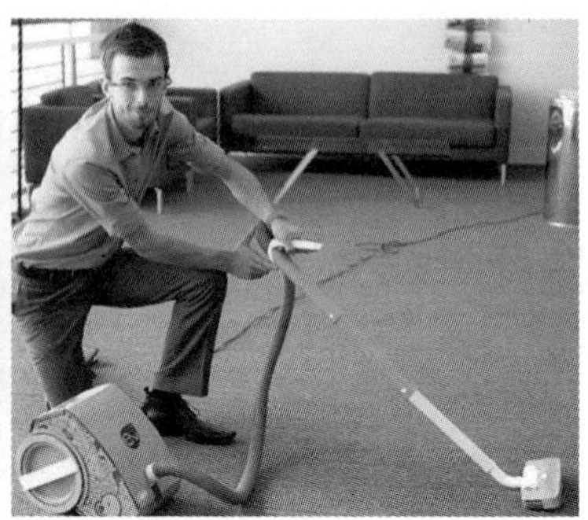

图 3.16 纸质吸尘器

❹ 引发创业思路

创业是创业者对自己拥有的资源或通过努力能够拥有的资源进行优化整合，从而创造出更大经济或社会价值的过程。创业是一种劳动方式，也是一种需要创业者运营、组织、运用服务、技术、器物作业的思考、推理和判断的行为。

创业是一种思考、推理结合运气的行为方式，它为运气带来的机会所驱动，需要在方法上全盘考虑并拥有和谐的领导能力。创业作为一个商业领域，致力于理解创造新事物（新产品，新市场，新生产过程或原材料，组织现有技术的新方法）的机会，如何出现并被特定个体发现或创造？这些人如何运用各种方法去利用和开发它们，然后产生各种结果？创业是一个人发现了一个商机并加以实际行动转化为具体的社会形态，获得利益，实现价值。产品是为创业打开思路的大门。

例如，耶鲁高才生创业成立 Chairigami 公司专作纸板家具。

一个纸板椅拯救一次世界，创业公司 Chairigami 的理念就是用纸板作环保家具。24 岁的 Zachary Rotholz，创办了这家纸板家具公司。他说道：“现如今很多消费者购买了东西，用完了就扔掉它，我想让人们思考并关注材料问题。”如图 3.17 所示，Chairigami 公司的产品包括桌子、扶手椅、沙发、书架、独立式书桌，甚至是 iPhone 配件，材料都使用可回收材料——三层瓦楞纸板。这种材料的坚固性类似胶合板，但却更加灵活，它可以弯曲而不折断，能够提供最大程度的舒适感。这些家具展示在 Chairigami 公司的网站上，价格从 80 美元到 180 美元不等，它们简单易装且不使用胶水。和大多数的家具设计师不一样，Zachary Rotholz 不介意客户使用他的产品进行重新加工和

图 3.17　纸质家具

再创作。Rotholz 说道：“这就像是开源材料：将之破解并重新组合。”在一次夏令营活动中，他尝试过在他制作的一张桌子当中切出一个矩形凹槽，并将一桶乐高积木放进去，使之成为一张乐高桌。其他人则在他的纸板家具上安装扬声器、灯具或绘制图案。对于那些担心溅出的咖啡会弄坏纸板桌的消费者，Rotholz 选择用布基胶带贴在桌子的表面，而不是使用涂料来覆盖表面。他说：“市场上销售的大部分涂料都是不可收回的，我希望我的所有产品在使用之后都可以回收。如果你把什么脏东西撒在上面，没问题，只要抹去它就行了。”Rotholz 说他接下来的一个新项目，是尝试让消费者把简单的家具组合成一个新的家具，比如把一个纸板桌放在另一个纸板书桌上面，组成一个弹出式独立书桌，或者用一个纸板长凳和沙发重新组合成一张床，这些听起来像是为那些住在狭小公寓里的人而准备的。

❺ 设计实践

如图 3.18 所示，这款笔者设计的落地灯，用竹子材料制作。呈现出的效果与作品内涵表达着人与自然的亲密关系。

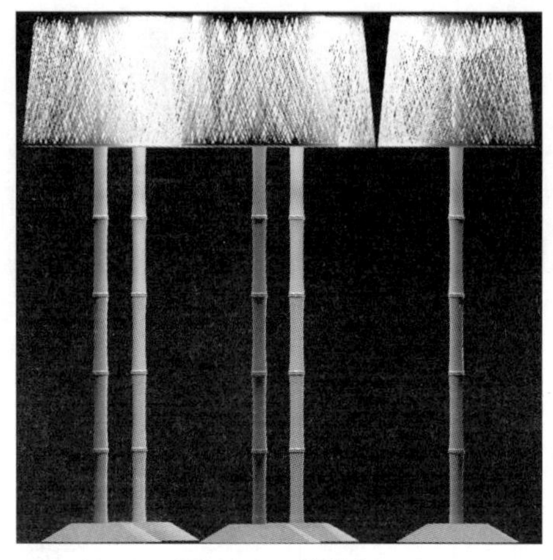

图 3.18 落地灯

现如今，纸张的浪费越来越得到重视。尤其是在办公室中，纸张浪费情况比较严重。笔者由此设计了如图 3.19 所示这款洗纸机，可以将纸上的油墨清洗干净，使原来的纸焕然一新，重新得到使用。

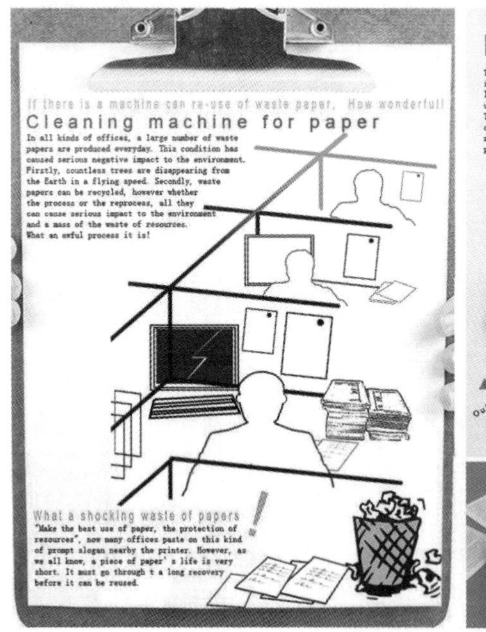

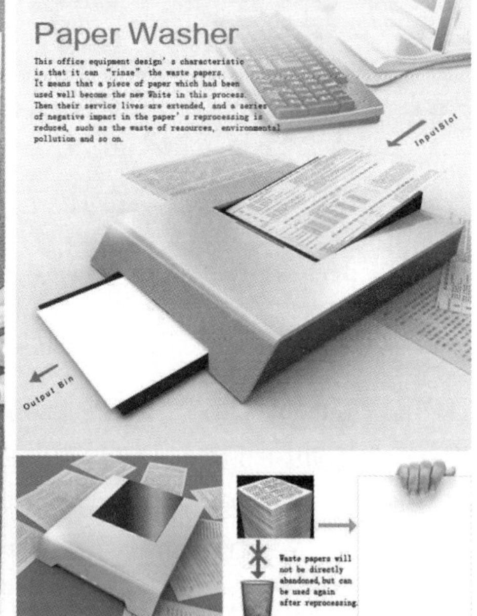

图 3.19 洗纸机设计

❻ 设计练习

（1）用一张纸作一个产品。

（2）用竹子作一个家居产品。

3.3 多功能理念在产品设计中的运用与实践

❶ 多功能概述

多种用途的产品设计，通过变化可以增加乐趣的设计，可避免因厌烦而替换的需求；它能够升级、更新，通过尽可能少地使用其他材料来延长寿命；使用“附加智能”或可拆卸组件。产品的设计是以改善生态环境、提高生活质量为目标，即产品不仅不损害人体健康，而应有益于人体健康，产品具有多功能化，优点就是一物多用，它能够满足人们对于多种功能的需求，给使用者提供多种选择，于是在产品设计的过程中，设计师们就把多种产品的功能组合到一个产品上，多功能的产品集合了人们日常所需的多种产品的功能，同时，多功能是一种促销手段，能够带动产品的市场发展。多功能产品节省了产品空间及产品的材料。产品可以满足人们在不同环境中的需求。

经济、技术迅速发展的今天，人们对产品的功能需求也越来越多，灯具就是灯具、花瓶就是花瓶已经不是大部分人的思想了，人们渴望身边的产品在各个方面都有所突破。消费品设计以人为本，合理的多功能设计正是以对人的关怀与尊重为宗旨。在进行产品设计时，最重要的是要保证产品各项功能必须是合理的，各项功能都以人的需求为出发点，功能相互之间的关系，以及是否成熟技术支持及材料的可行性等。

❷ 设计案例

计算机一体机是目前台式计算机和笔记本之间的一个新型的市场产物，它将主机部分、显示器部分整合到一起，该产品的创新在于内部元件的高度集成，如图 3.20 所示。随着无线技术的发展，计算机一体机的键盘、鼠标与显示器可实现无线连接，机器只有一根电源线。这就解决了台式计算机线缆多而杂的问题。

“狗屋沙发”是 m.pup 的首款宠物家具，由韩国设计师 seungji mun 设计，它由实木板和布料制作，如图 3.21 所示。设计师将狗屋与沙发融合到一起，成为连接人与宠物的一种工具，让家庭成员及宠物都能共用此公共空间。

图 3.20　计算机一体机

图 3.21　多功能家具

如图 3.22 所示，是由韩国设计师 Kim In-bo 设计的一款简单时尚的多功能家具，在色彩上采用经典的红色与纯白相配，显得非常简约。设计师将一个个连接在一起的长形大软垫包裹在一起就形成了一个椅子，还可以转换成凳子，当展开的时候还可以作为一个睡垫。

图 3.23 是维也纳 creative industrial objects 设计工作室的作品，它可以用于家庭和办公室。顶部的面板可以 180° 旋转，翻转后可以成为放置笔记本的工作台，当折叠好的时候还可以在上面摆放一些装饰物品。下面几层是装一些小东西的盒子，并且还专门设计了放置鼠标的横向面板，有了这样的 Ci Desk 笔记本工作桌，空间又能空闲很多出来。

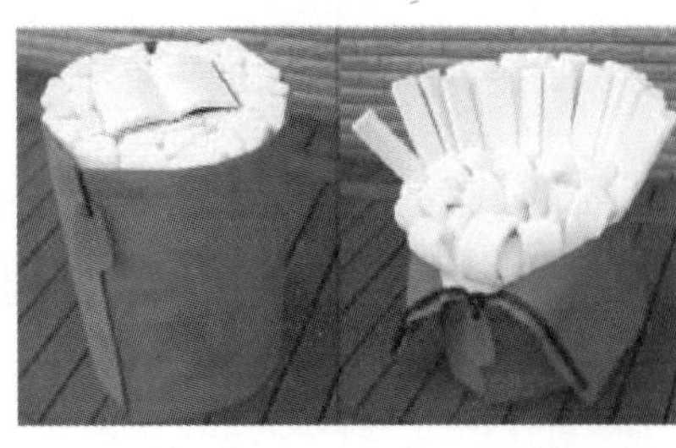

图 3.22　多功能家具

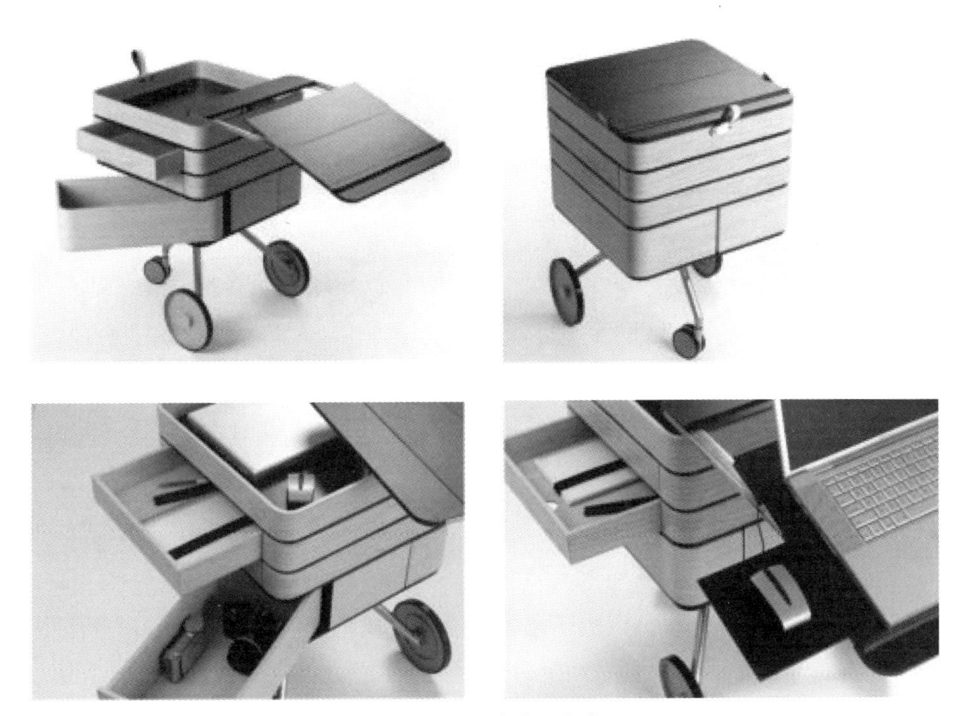

图 3.23　多功能工作台

❸ 寻找设计点

（1）很多情况下，某种需求要在同一环境下使用不同工具操作完成，可以将其工具设计成一体化产品。

比如多功能五金工具，用户在使用钳子的时候也免不了使用螺丝刀、扳手等工具，这种情况下就可以设计成一个多功能工具组产品，如图 3.24 所示。

图 3.24　多功能工具

理论上，人们可以用锤子完成许多不同类别的工作，如敲、砸、掀、量、拧等，可实际上，锤子就是锤子，涉及稍微专业点儿的问题还是需要专业工具来解决。不过，在这个集合式工具时代，锤子也要完成大变身。如图3.25所示，这款7合1精钢锤经过特别设计，可用作长杠杆、碾碎棒、角度测量尺、直尺、扳手、指甲钳等。

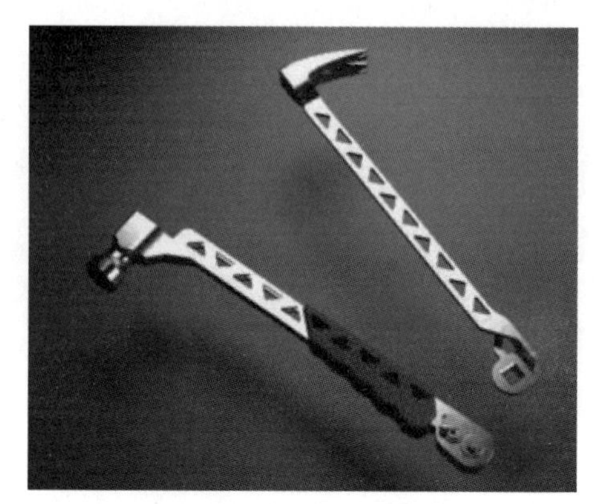

图 3.25　7 合 1 精钢锤

位于把手底端的锁定齿轮结构是上述功能的核心支撑，依赖它，锤子可以一“劈”为二，极大拓展使用功能；它们也可彼此分开，彼此协作，以简单的方式解决复杂问题。

（2）很多情况是根据人的需求，产品需要发生变化使用，此时，产品也可以设计成多功能设计。

沙发和床都是家居生活必备的产品，但在很多小空间住房中，就没有那么多位置来放很多家具。根据人的时间、作息等需求，可以设计成多功能的家具。

Milano Bedding 出品的 Lampo Motion 遥控沙发床，除了沙发与床的一体多功能外，还有个特点就是电动的，配备有一个遥控器，需要的时候只需要轻轻地按下一个按钮，可自动完成变形，如图 3.26 所示。

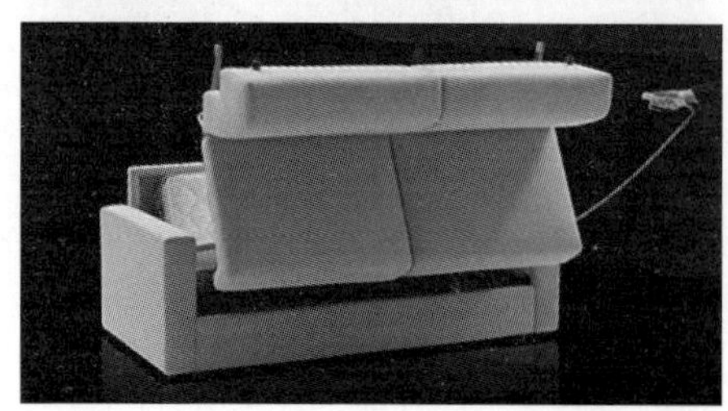

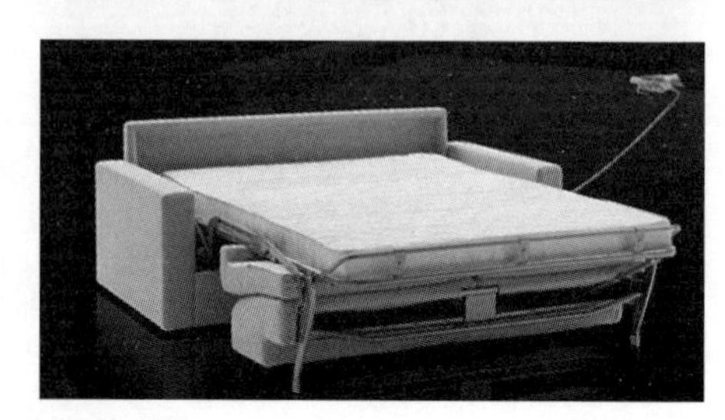

图 3.26　多功能沙发床

Doc sofa bunk bed 是一款沙发双人床，仅需从中间拉动拉杆，即可从双人沙发变身为双层床，方便又实用。上层尺寸为宽 80cm× 长 193cm，下层尺寸为宽 69cm× 长 191cm，分别能够承重 150kg，如图 3.27 所示。

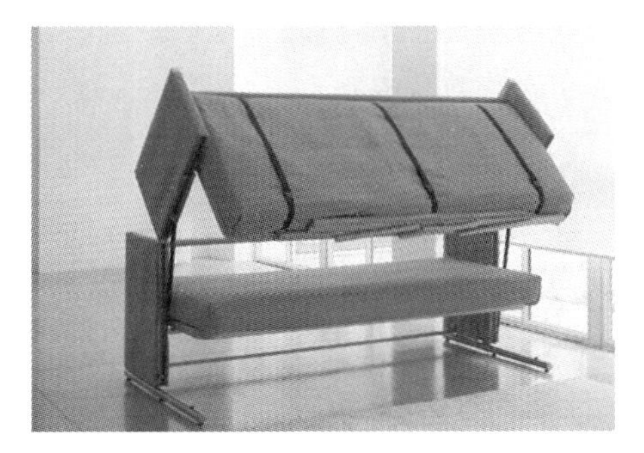

图 3.27 多功能沙发床

Shogun Bros 公司为那些游戏迷们开发了一款名为 Chameleon X-1 的多功能鼠标，将它翻转后，底部则是一个有着操作按键的游戏手柄，如图 3.28 所示。内部还配有力反馈装置，能够在游戏过程中给使用者提供舒适的手感与互动。

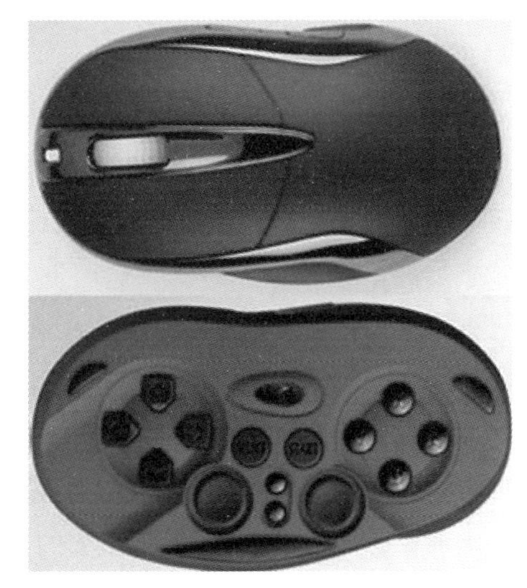

图 3.28 多功能鼠标

如图 3.29 所示多功能枕头靠垫如同一个俄罗斯方块，两个小枕头的不同组合模式会带来无穷的使用方式，如当作扶手、背部或腿部靠垫等。

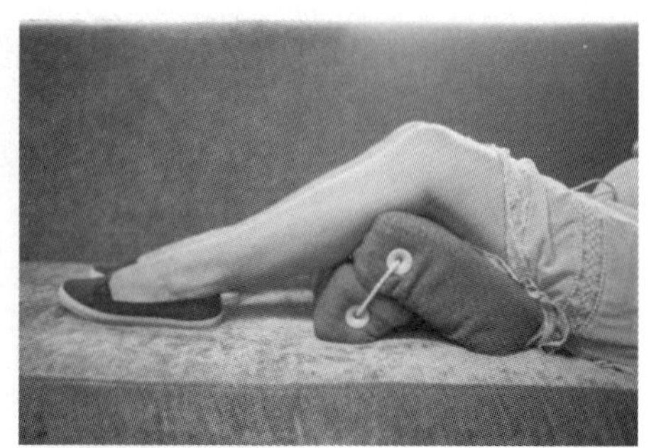

图 3.29　多功能枕头靠垫

如图 3.30 所示，这款以梯子为原型而设计的书架对原有结构稍加改动，采用最节省的材料与空间，让书籍的摆放更灵活。不仅如此，间隔突出的支撑架还可用来悬挂衣物，一物多用。

图 3.30　梯子书架

（3）在实现产品的主要功能的同时，附属功能也是重要环节，需要配合主要功能完成实现。这时可设计成多功能。

最普遍的例子就是手机了，现在的手机都有手电、照相等功能，照相技术辅助彩信、微信等手机使用的同时，自拍与捕捉风景等也是用户不愿意错过的。手机里的手电照明也是用户关键时候急需的功能，还有演唱会的“繁星点点”渲染着精彩场面，如图 3.31 所示。

图 3.31　手机的多功能

❹ 设计实践

笔者的这款设计是将座椅、储存、音箱、充电四者结合在一起，考虑人—环境—产品的关系，满足用户使用需求，增添生活乐趣。

❺ 设计练习

（1）设计一款多功能厨房用品。

（2）设计一款多功能工具。

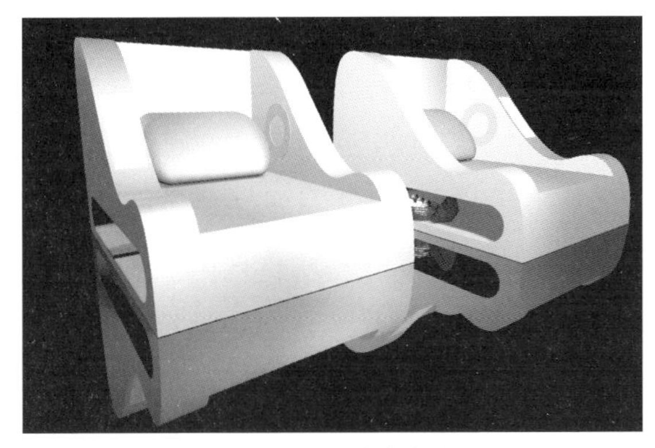

图 3.32　多功能座椅

3.4 模块化思维在产品设计中的运用与实践

❶ 概念

对一定范围内的不同功能或相同功能不同性能、不同规格的产品进行功能分析的基础上，划分并设计出一系列功能模块，通过模块的选择和组合可以构成不同的产品，满足不同的需求。模块化设计既可以很好地解决产品品种规格，产品设计制造周期和生产成本之间的矛盾，又可为产品的快速更新换代，提高产品的质量，方便维修，有利于产品废弃后的拆卸、回收，为增强产品的竞争力提供必要条件。

图 3.33　模块化家具

❷ 设计案例

Bloc'd Sofa by Scott Jones 是一个高度可定制的模块化沙发，至少可容纳 6 人。其可拆卸的方形垫可以转换成许多不同位置，如图 3.33 所示。

Naom FASS 是耶路撒冷的产品设计师，如图 3.34 所示是由他设计的电子座位系统。在现代，我们的通信习惯已经改变，无论是独处还是和朋友在一起，似乎都更习惯用手机和计算机来更新和沟通。这是一个模块化的自由组合沙发，每个部分上面都有连接网络的 USB，有笔记本、平板和手机三种模式。它可以让使用者舒服地用多种姿势上网，躺着、靠着或者坐着，都很自如。

插座是每家每户必备的电子产品之一，设计师们也围绕插座设计出各种巧妙的产品。如图 3.35 所示是一款模块化可以自由组合的插座。德国慕尼黑这家公司设计的多功能积木插线板（YOUMO），能完美解决多设备充电难的问题。YOUMO 是个模块化的插线板，主要分为“基础线”和“插座模块”两大部分，可以根据自己的需求私人定制出最想要的插线板。它能像乐高玩

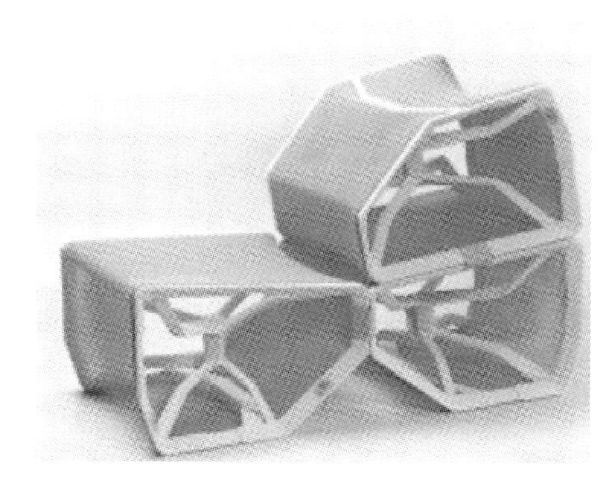

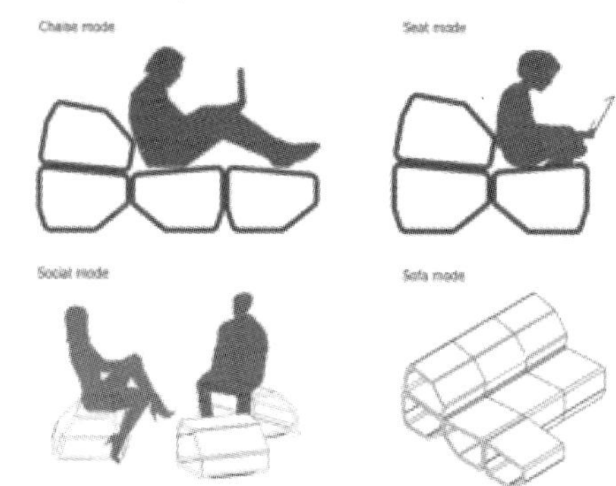

图 3.34　模块化家具

具一样随便拼。只需要一根基础线，便可以在上面像拼积木一样自由组合自己想要的功能模块，想连多长都可以。

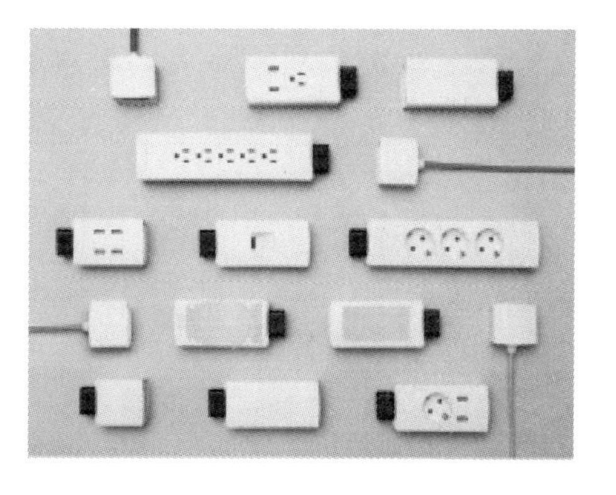

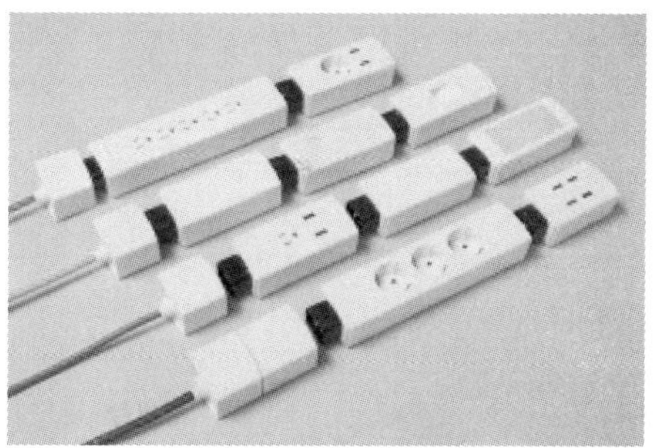

图 3.35　模块化插座

手机、座机等通信工具，早已走进千家万户，但它们的造型都很呆板，没有一点儿创新，你想拥有可拆卸的手机吗？设计师 Wen-Tsung Lin & Wan-Rurng Hung 提出了这一前卫概念，它有一个稳定的前端面板和模块化的后台组件，模块化的组件，方便用户升级任何一个部分，保持手机系统的高效性。该款产品还带有一个充电装置，为手机转换成家庭电话提供必要的能源，该手机可以根据使用者个人需要，进行部件的换位、优化，达到赏心悦目的效果，在造型上做了很大的突破，抛弃了传统观念中方方正正的外观，组合部件与弧形是该款手机的亮点，如图 3.36 所示。

一大家子想在一起吃新鲜烤面包恐怕就可以考虑这款由设计师 Hadar Gorelik 设计的 Modular Toaster 模块化烤面包机了，如图 3.37 所示。它以一个完整面包机为单元元素存在，可按人数添加单元即另一个完整烤面包机，这样就改变了人多不能及时吃到面包的窘境。每个单元单独操作也能调和众

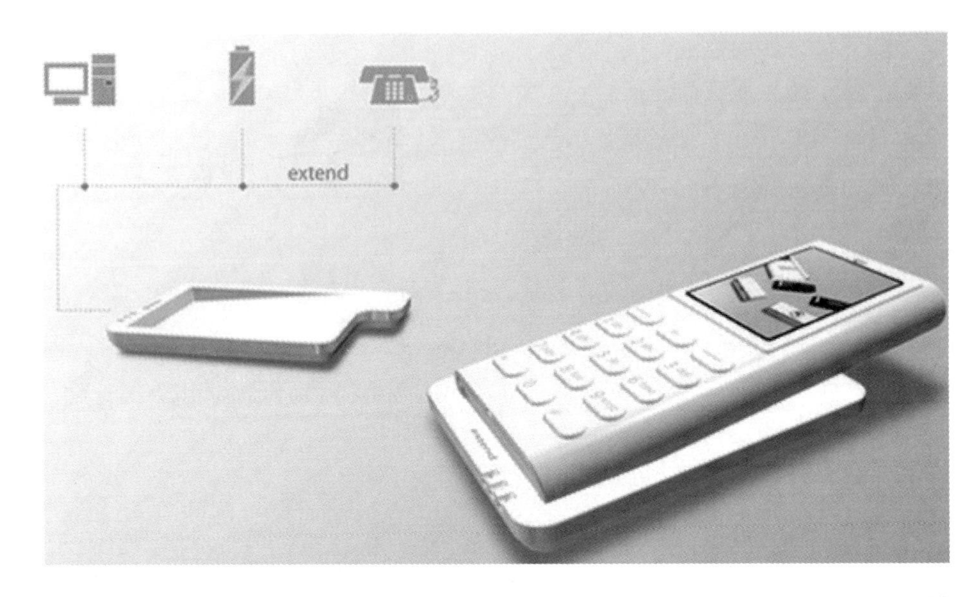

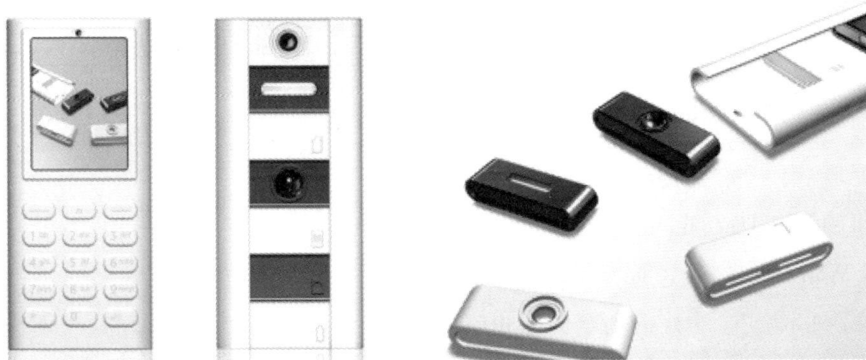

图 3.36　模块化手机

图 3.37　模块化烤面包机

口，满足每个人的需求。当然如果你是单身贵族，只用携带小巧的一个单元烤面包机就能保证你永远吃不到冷的面包！

如图 3.38 所示是由 Ledwork 设计团队所设计的一款模块化灯具，这款灯由不同的模块组成，每个模块分为 4 个分支单元，每个单元的头上安装有磁铁，这样可以让每个模块非常容易地吸附在一起。它内置传感器，可以根据人们的动作和触碰改变灯光的颜色，营造合适的氛围。

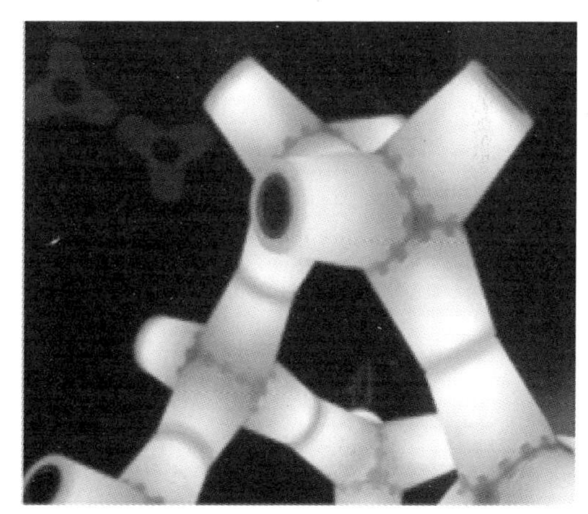

图 3.38　模块化灯具

LG G5 正式发布模块化设计或引领手机新风尚，如图 3.39 所示。G5 的一大特点是其采用了模块化设计，这也是该机最大的特色所在。将相应的配套模块插入扩展接口，“G5 便可化身为一台标准的数码相机，Hi-Fi 播放器等”。在 Play Begins 发布会上，LG 推出的第一个模块便是 CAM Plus，LG 称该配件可为 G5 提供舒适的手柄，拍照更加方便，而且有类似操控单反的体验。CAM Plus 支持自动对焦，曝光锁定，而且还具备不少的实体按键，比如快门、电源、录像以及变焦等。另外，该配件还内置 1200mA 电池，兼作移动电源。另一款配件是 Hi-Fi Plus，是 LG 和 B&O 共同打造的一款配件。它是一款便携式音乐播放器，支持高品质音乐播放，同时也能与 G5 配套使用，或者是与其他智能手机、PC 连接，作为独立的数字音频芯片。

❸ 设计实践

如图 3.40 所示为笔者在 2010 韩国全球设计竞赛的获奖作品。厨房一体化的设计方案，采用“魔方”的基本造型，将不同的家用厨房电器以及其他

图 3.39　模块化手机

的功能集于一身，并分布于各个模块中。它吸取了魔方变化丰富的优点，同时它变幻的形式并不局限于魔方的造型，即各个模块之间的组合形式更加灵活，更加丰富，以适应不同功能和环境，以及人的实际生活需要。此外，与以往的一体化厨房最重要的不同点，在于它将部分和整体之间的关系不仅局限在从属于和被从属于的关系，即它其中的部分功能模块可以脱离整体，成为便携独立的功能体，如冷藏器、储物器等，方便地应用于其他场合，如户外等。突出了烹饪的人是厨房到主人，以人为主体，厨房适应人的活动，而不再是把人固定在厨房的固定模式之中。魔方一体化厨房的灵活性决定了它的多种变化形态。可供个人边吃边做，也可供多人聚餐。娱乐、烹饪、教学融为一体，是一种全新的生活方式。打破了以往固定的空间束缚，它不局限于固定的空间，可移动。具有生活情趣，全新的烹饪方式，独到的“魔方”一体化厨房，让烹饪成为一种乐趣。

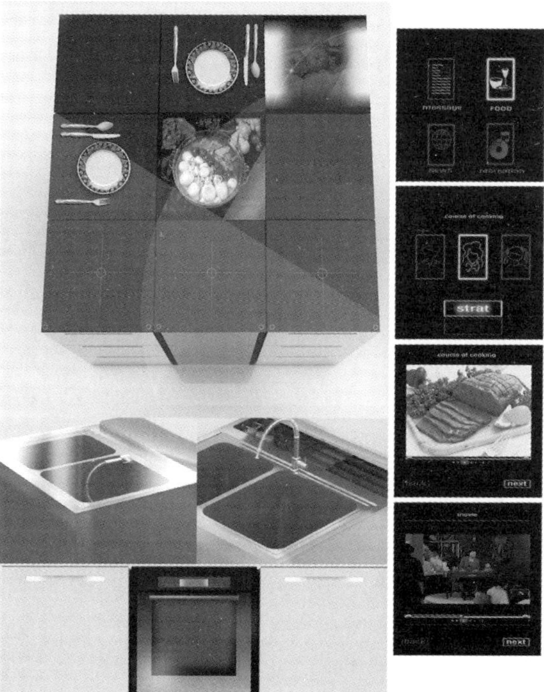

图 3.40　厨房一体化

❹ 设计练习

（1）设计一款模块化用具。

（2）设计一款模块化家具。

3.5 废弃物再利用设计实践

❶ 概念

生活中，很多物品在终结它的功能使命后便被废弃，设计师考虑的是如何让其再生呈现第二次生命，寻找循环设计点。实现广义回收所采用的手段或方法。即在进行产品设计时，充分考虑产品零部件及材料的回收的可能性，回收价值的大小，回收处理方法，回收处埋结构工艺性等与回收有关的一系列问题，以达到零部件及材料资源和能源的充分有效利用，使环境污染最小的一种设计思想和方法。对于设计师来说，可回收、重复利用是绿色产品设计理念的另一个关键方法，为了保护好环境，我们应该尽可能回收再利用任何东西。也可以说“废弃物是放错地方的资源”。

❷ 设计案例

作为大型家电产品制造商，伊莱克斯公司每年都需要消耗大量的塑料制品。为了响应环保的号召，他们发起了一项海洋塑料垃圾回收运动，呼吁人们关注海洋生态环境，唤起公众的环保意识。与此同时，伊莱克斯公司将收集来的塑料垃圾进行重新利用，制成了如图 3.41 所示这款拥有五彩斑斓外壳的吸尘器。其中的彩色部分由回收塑料直接压制成型，省去了二次加工带来的污染。这款吸尘器的原材料来源于回收塑料，最大限度地将塑料垃圾“变废为宝”，不仅节约了资源，还打开了新产品的大门。

如图 3.42 所示磨砂酒瓶灯，由 Jerry Kott 设计制作，将酒瓶外面做磨砂处理，去不去掉瓶底则随个人喜欢，然后塞入灯泡，瓶口处用胶水之类将线固定住，通电就可以了。

富丽堂皇的吊灯，由自行车轱辘制作而成，如图 3.43 所示。

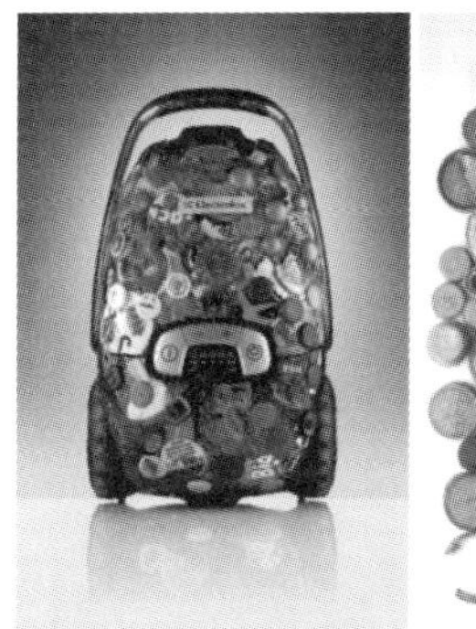

图 3.41　环保吸尘器

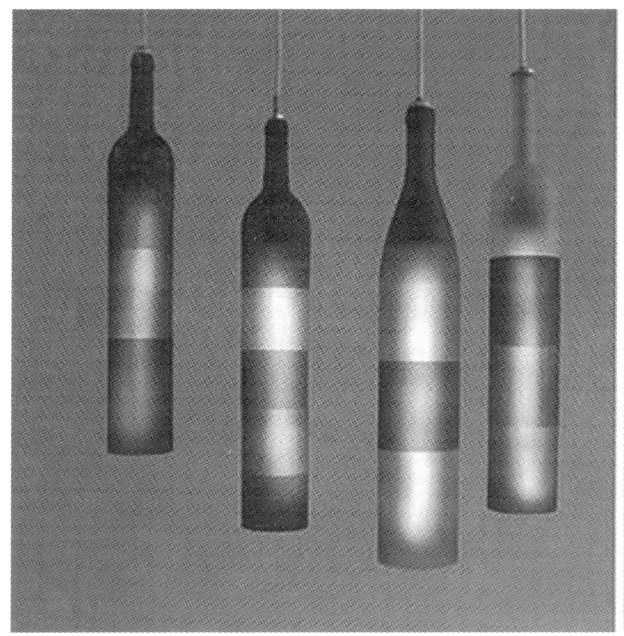

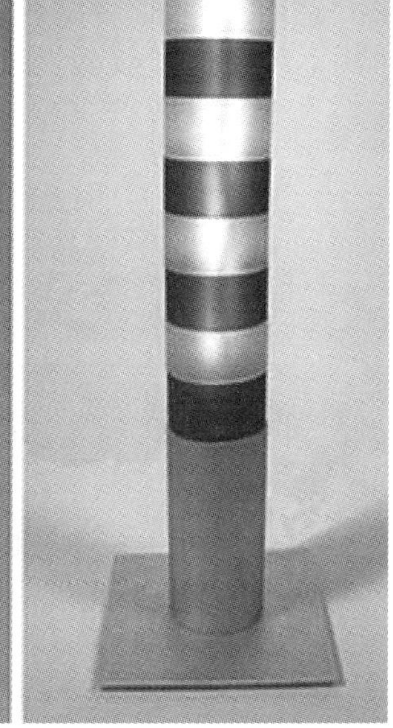

图 3.42　酒瓶灯

图 3.43　轱辘吊灯

如图 3.44 所示这个组合式吊灯，是由多个不同种颜色的啤酒箱组成的，效果很不错。

如图 3.45 所示的矿泉水瓶灯罩，通过将瓶子剪成条状并适当压缩，每个瓶子看上去都像是一朵花一般灿烂。它来自艺术家 Sarah Turne，是英国评价很高的一项设计。

埃弗摩尔博士的金属废品公园如图 3.46 所示。

图 3.44　啤酒箱吊灯

图 3.45　矿泉水瓶灯

图 3.46　埃弗摩尔博士的金属废品公园

❸ 寻找设计点

根据可回收材料，废弃物再生设计点与成功案例，引发实践性思考。

利用废弃饮料瓶做创意，如图 3.47 所示。

（1）寻找废弃物与生活用品造型相似之处的同构点。笔者利用饮料瓶的手握造型形状与工具的手握造型形状相似而设计的海绵刷擦车工具，如图 3.48 所示。

（2）其造型有一定的体积，且圆润光滑，多个可对称。利用这个特点做创意设计。比

图 3.47　饮料瓶

如设计成衣架、哑铃，如图 3.49 所示。

图 3.48　擦车工具

图 3.49　哑铃设计

（3）其造型有一定的容积，可充分利用，比如设计成加湿器，如图 3.50 所示。

（4）其造型由多个单体组合在一起，有一定的称重力。捷克的设计系学生推出了自己的构想，并将其设计成型。在他的设计中，使用完毕的可乐瓶被整合起来，并借助绳索的力量固定在一个底座上。如此一来，可乐瓶们便会组成一张带有弧度的舒适座椅。因为可乐瓶自身重量就十分轻便，所以把它们做成便携的沙滩躺椅供游客休息，着实是个不错的选择，如图 3.51 所示。

图 3.50　加湿器设计

图 3.51　座椅设计

❹ 设计实践

笔者设计的这款环保座椅采用 PVC、易拉罐制作而成，同时椅子内部安装了音乐播放器，靠背由长短不同的 PVC 管组成，移动它们可以发出高低不同的声音，使用者可以从中找到使用乐趣，增添生活情趣。

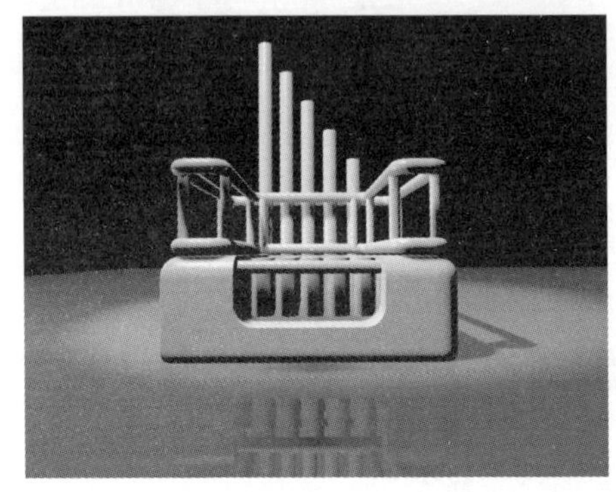
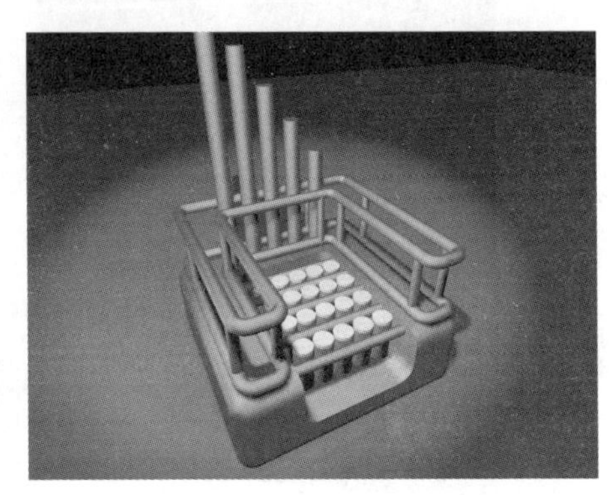

图 3.52

❺ 设计练习

（1）利用废弃的塑料产品进行设计。

（2）利用废弃的圆珠笔或笔芯、胶水瓶等一次性消耗品进行设计。

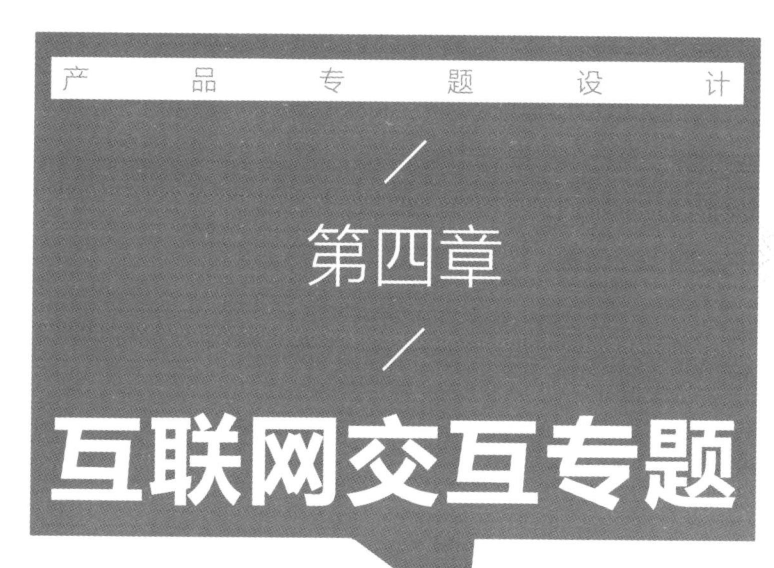

产　品　专　题　设　计

第四章

互联网交互专题

网络是人类科学技术的产物。网络的诞生，为人类开启了沟通世界、创造文明的崭新窗口。网络给现代人的生活、学习、工作和娱乐带来了方便和快捷，极大地提高了人们的生活节奏和生活质量。互联网的技术，包括微信、微店，加上智能手机，技术和生活方式在相互影响，影响的结果是人们已经离不开微信，离不开淘宝了，人们离不开互联网这个平台了，人们对互联网的依赖性在增强。

这是一个知识经济的时代，信息正在以前所未有的速度膨胀和爆炸，未来的世界是网络的世界，产品交互设计就是通过交互载体将信息更好地为人服务。

从用户角度来说，交互设计是一种如何让产品易用，有效而让人愉悦的技术，它致力于了解目标用户和他们的期望，了解用户在同产品交互时彼此的行为，了解“人”本身的心理和行为特点，同时，还包括了解各种有效的交互方式，并对它们进行增强和扩充，如图 4.1 所示。当今是互联网的时代。通过对产品的界面和行为进行交互设计，让产品和它的使用者之间建立一种有机关系，从而可以有效达到使用者的目标，这就是交互设计的目的。本专题以突出互联网时代为主体。通过对交互设计的解读，通过对界面和操作行为的设计提高产品可用性。

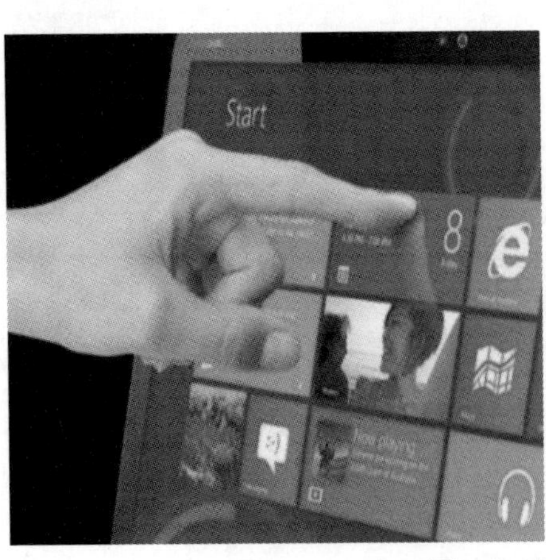

图 4.1　界面交互设计

4.1 产品交互设计概述

在使用网站、软件、消费产品、各种服务的时候，使用过程中的感觉就是一种交互体验。随着网络和新技术的发展，各种新产品和交互方式越来越多，人们也越来越重视对交互的体验。当大型计算机刚刚研制出来的时候，可能当初的使用者本身就是该行业的专家，没有人去关注使用者的感觉；相反，一切都围绕机器的需要来组织，程序员通过打孔卡片来输入机器语言，输出结果也是机器语言，那个时候同计算机交互的重心是机器本身。当计算机系统的用户越来越由普通大众组成的时候，对交互体验的关注也越来越迫切了。

交互设计是从“目标导向”的角度解决产品设计，要形成对人们希望的产品使用方式，以及人们为什么想用这种产品等问题的见解。要尊重用户及其目标，并且对于产品特征与使用属性，要有一个完全的形态。这个交互体验过程要涉及容易学习、容易使用、系统的有效性、用户满意，以及把这些因素与实际使用环境联系在一起针对特定目标的评价。比如名片上印相片；查询机上可有电话语音；多功能汽车方向盘等都是好的交互实例。

多功能方向盘是指在方向盘两侧或者下方设置一些功能键，让驾驶员更方便操作的方向盘。驾驶员可以直接在方向盘上操控车内很多的电子设备，不需要在中控台上去寻找各类按钮，可以更专心地注视前方，大大提高行车的安全性。多功能方向盘将是汽车方向盘发展的一个趋势，如图 4.2 所示。

虚拟现实体验项目是产品交互设计的最好体现。它是借助于计算机生成视觉、听觉、触觉、嗅觉逼真的实体，通过人的头部、身体、眼睛的转动与

图 4.2　多功能方向盘

自然环境交互，获得现实世界得不到的体验。由于虚拟现实的应用将渗透到生活中的每一个角落，可以虚拟科幻、虚拟娱乐、虚拟战争、虚拟度假、虚拟社交、虚拟教育、虚拟医疗、虚拟购物等，让人脱离现实世界的限制，在虚拟世界重新审视和重塑自己，如图 4.3 所示。无论是游戏玩家、科幻电影迷、动漫爱好者都会爱不释手，在获得现实世界得不到的体验中，在与现实生活人与人无法实现的沟通中，更沉浸地娱乐和放松，更高效地学习和工作，甚至可以在某种意义上通过数字化个性存储获得真正的永生。

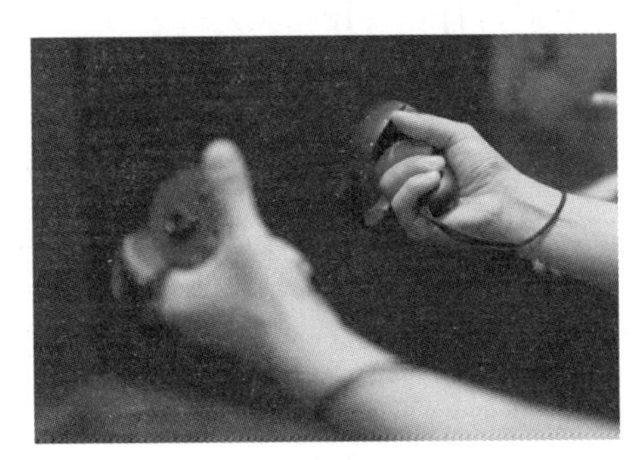

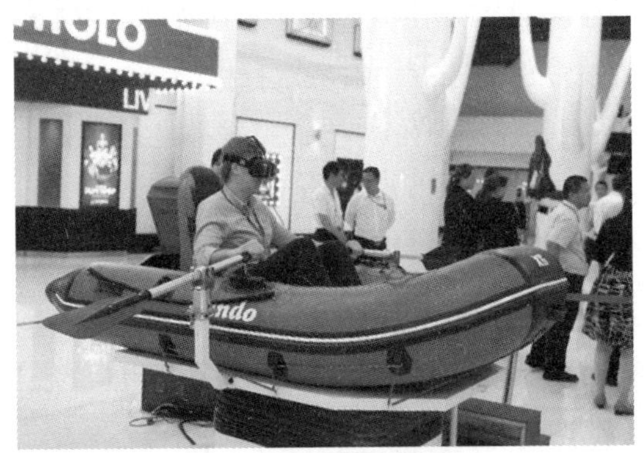

图 4.3　虚拟现实体验

❶ 交互界面设计

以用户为中心的设计流程，关注用户的使用流畅度和方便性，符合用户使用习惯的解决方案。交互不一定需要很华丽的界面，但是使用过程肯定很人性化，减少用户思考返回的次数。

三星 F8000 系列 Smart TV 的语音操作能够支持更多的语音命令，用户可以运用日常用语向电视发出指令，或者直接说出演员名称、片名或者题材，电视将会根据关键词自动搜索并给出推荐内容，用户可以在搜索结果中的电视节目、视频点播或者 APP 中选择自己所需的内容。三星 F8000 系列的智能互动功能也得到了进一步的提升，无论是语音还是手势控制都比以前更加灵敏，操作更加简单，对环境的要求也大大降低。三星 F8000 系列 Smart TV 的手势控制可以识别更自然的动作，双手操作可以对图片进行放大、缩小，或者调整图片角度，如图 4.4 所示。

图 4.4　三星 F8000 系列 Smart TV 操作界面

图 4.5 是国外质感手机软件的交互界面设计。

图 4.6 是笔者针对家庭抽油烟机设计的交互界面。

图 4.5　手机软件交互界面

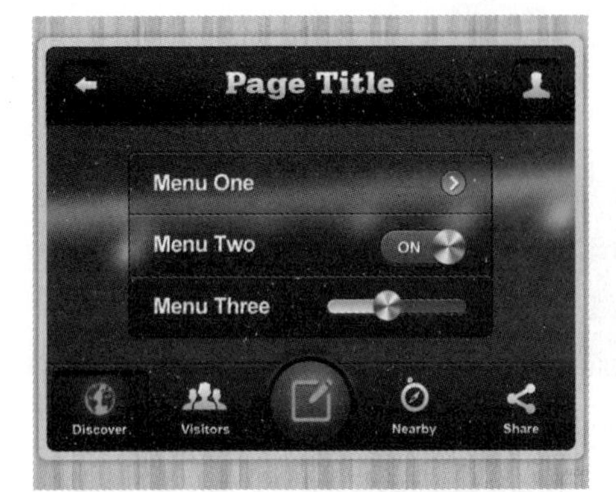
Page Title
Menu One
Menu Two
ON
Menu Three
Discover
Visitors
Nearby
Share

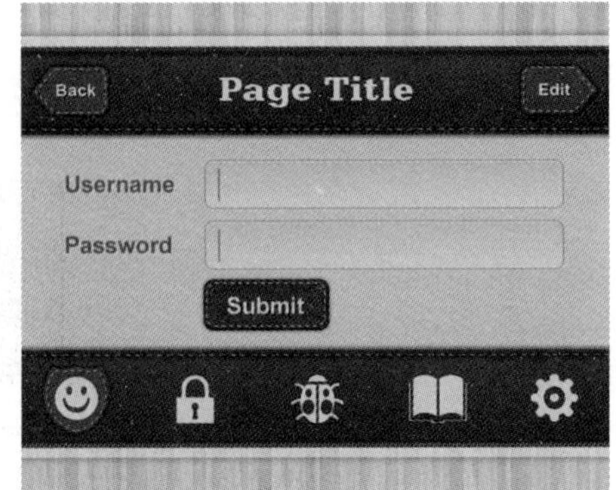
Back
Page Title
Edit
Username
Password
Submit

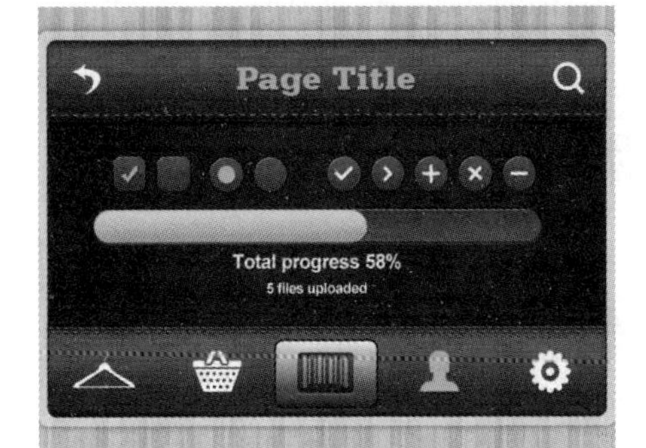
Page Title
Total progress 58%
5 files uploaded

Page Title
ON
OFF
Home
Setting
Explore
Events
Search

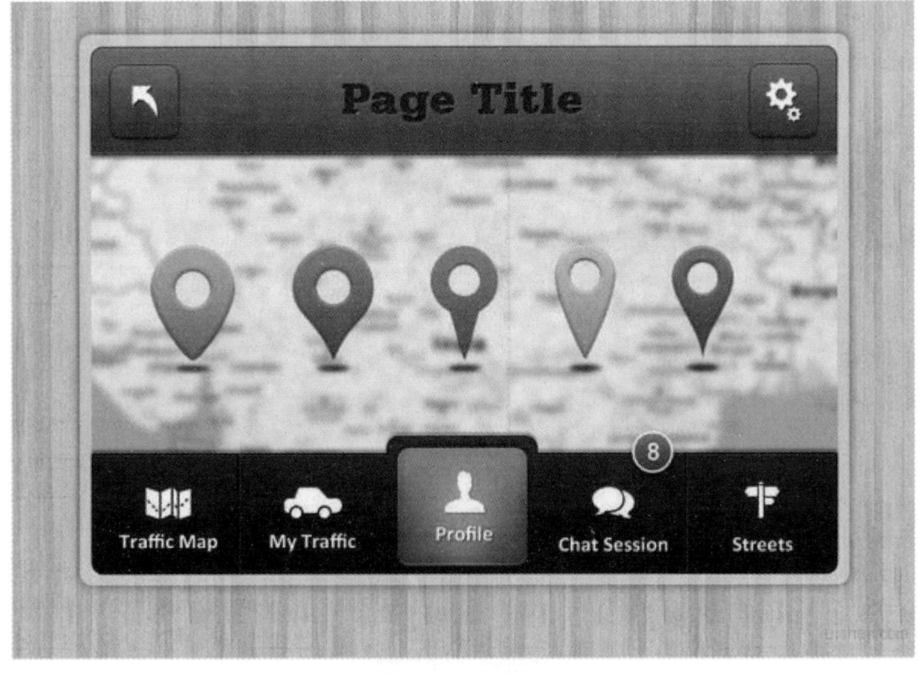
Page Title
8
Traffic Map
My Traffic
Profile
Chat Session
Streets

图 4.5 （续）

"静观其变"抽油烟机设计

在传统油烟机的使用过程中，人们通常是依靠视觉、嗅觉和各种生活经验来粗略的判断空气中油烟含量，进而选择风力强弱的操作方式。但我们知道厨房油烟对人体的呼吸系统会产生很大的伤害，而这款油烟机的设计中，就是针对这种不健康和不科学的操作方式，找到了恰当的解决方法。

在这款抽油烟机的设计中，信息内容的形象可视化是其最大的特点。它采用了现代工业自动控制技术与多媒体技术的完美组合，科学的测算空气的污染程度和机器内的烟油量等，并将这些信息通过生活中的熟知形象生动有趣的传达给使用者，帮助他们选择油烟机最恰当的工作状态，使有害的油烟非常有效和迅速的被抽走，进而净化空气和厨房环境，同时也达到了节能的目的。这一人性化的设计，不仅给使用者的生活带来的方便，还充分体现了对操作者身体健康的关心。

工作状态—— 形象的可视化系统

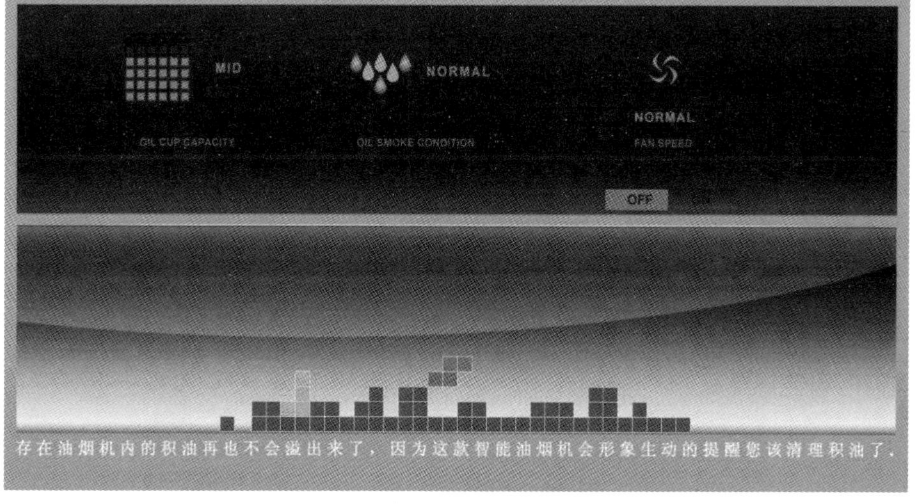

图 4.6　家庭抽油烟机交互界面设计

图 4.7 是笔者设计的“悠然”播放器和它的界面设计。

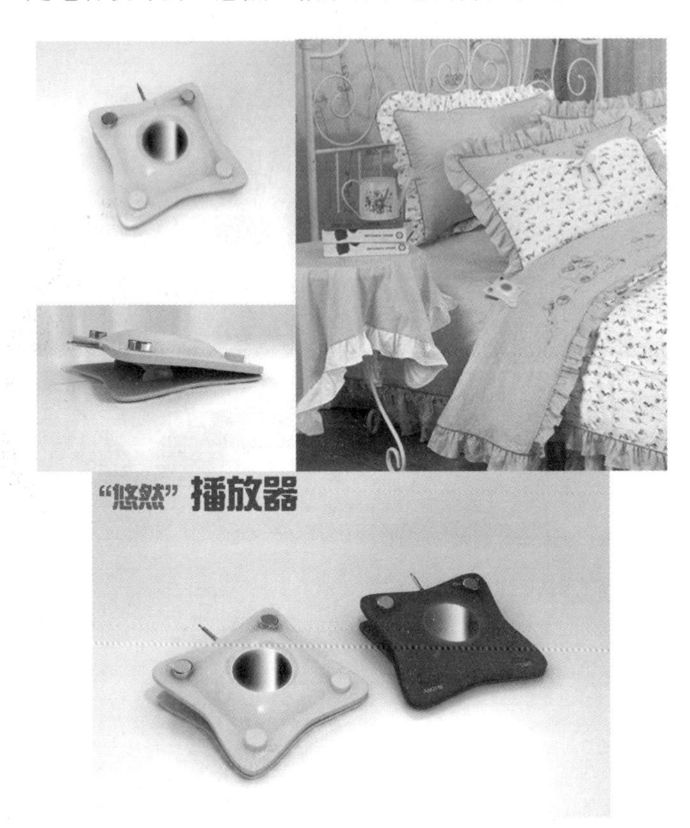

图 4.7 “悠然”播放器界面设计

❷ 图标设计

从原始社会开始，人类就以结绳、甲骨文、图腾、壁画等符号记录信息。这些具有代表事物功能性的图形、图案、文字、动作、语言、音符等都可称为“符号”。现代符号学的创始人是索绪尔与皮尔斯，他们在 20 世纪初分别提出了自己的符号学基础理论。其中，图像符号是当代符号学的一个重要分支，图像符号是指符号形体以相似性的方式来表现对象的。简单地说，图像符号是根据相似的形象而形成的具有一定功能的符号，一般都是通过模仿对象的特征或者根据对象的相似性，然后以重组再现的形式出现的图形。所以，图像符号给人的感觉就非常直观，大大节约了人们的思考时间，并且能在短时间内得到人们的认同。

图像符号学的思维方式应用在设计的各个方面，图标就是一种应用在界面上的传递信息的图像符号，是应用符号学的思维方式，将想要表达的信息进行替换、组合，选择与信息相同的元素作为替代，使人能够更快速、准确地解读图像符号所传达的信息。

图标的主要设计表现手法分为：色彩绚丽型、极简会意型两种。游戏类的图标大都要求颜色丰富，充满动感，极具吸引力。应用类的图标大都要求简洁明快，突出主题、突出功能、突出用途、突出品牌。如图 4.8~ 图 4.10 所示为不同的图标设计。

图 4.8　iOS7 图标设计

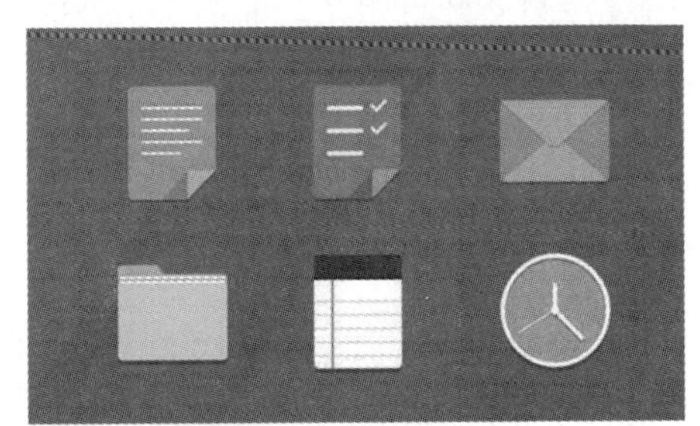

图 4.9　不同风格的图标设计

图 4.10　手机上的 APP 图标

4.2 公共设施交互设计研究与实践

❶ 公共设施

公共设施是指为市民提供公共服务产品的各种公共性、服务性设施，按照具体的项目特点可分为教育、医疗卫生、文化娱乐、交通、体育、社会福利与保障、行政管理与社区服务、邮政电信和商业金融服务等。公共设施的设计要遵循易用性、系统性、安全性、审美性、独特性、公平性、合理性、环保性的原则。如图 4.11 所示为公共设施草图。

图 4.11　公共设施草图

❷ 交互设计的运用案例

拥挤的人群，紧张的步伐，喧闹的大厅，大多数人对地铁都是如此的印象。在如此美妙的地下空间行走，周围都是交互设计的场景，如售票机、安全出口、路线导视等，如图 4.12 所示。

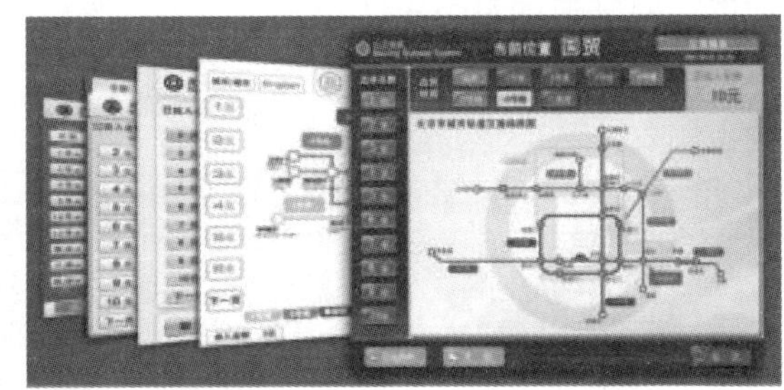

图 4.12　地铁站交互设计

为满足标牌的要求，JFK 机场官员与 Tightrope 媒体系统在 AirTrain 沿线联合部署了 Tightrop’s Carousel 数字标牌系统。装备有数字标牌的机场更易于与乘客交流。为了让标牌在远距离更易阅读，提供的信息更易被国际访客理解，标牌采用以图示而非文字为基础的信息，如图 4.13 所示。交互式数字标牌可以让乘客更容易找到特定信息。

法国设计师 mathieu lehanneur 2016 年完成了他的首个城市开发项目，这也是为世界知名的户外广告公司 JCDecaux 专门设计的，如图 4.14 所示。这

图 4.13　交互式数字标牌

个小亭子的屋顶上覆盖了一层植物，让人联想到公园里大树的树冠。屋顶下方设计了几个转椅，这些用混凝土制作的公共座椅上还配备了迷你桌板以及为笔记本提供的电源插座。同时，在中心位置还有一块触摸屏，上面将实时更新各种城市服务信息，例如指南、新闻和为参观者和旅游者提供的互动标识等。这个设计从顶部观看将有更好的效果，它也将成为一种全新的城市建筑语言。

图 4.14　公共设施

如图 4.15 所示，自助式触屏点菜机可以完全脱离服务员，实现客人全程自助式点菜，点完菜后通过网络即时传输到总服务器上，该系统完全避免了餐厅繁忙时间点菜的问题。

同样道理还有如图 4.16 和图 4.17 所示的排队取号机和自助取款机。

图 4.15　自助点餐

图 4.16　排队取号机

图 4.17　自助取款机

❸ 设计实践

每次去超市的人工服务台办业务需要排很长的队，有的时候还问的不清楚，由此笔者指导学生设计了如图 4.18 所示的这款超市自助服务机。在这台机器上消费者可以自行办理业务，如开发票、预约取货、查询优惠，还可以扫条形码查询货物的生产日期和对超市进行评论建议，同时如果有需要还可以填写自己的地址要求送货上门的服务。这个设计极大地方便了人们在超市中的购物，并且机器的界面中图标设计采用扁平化的形式，一目了然便于使用。

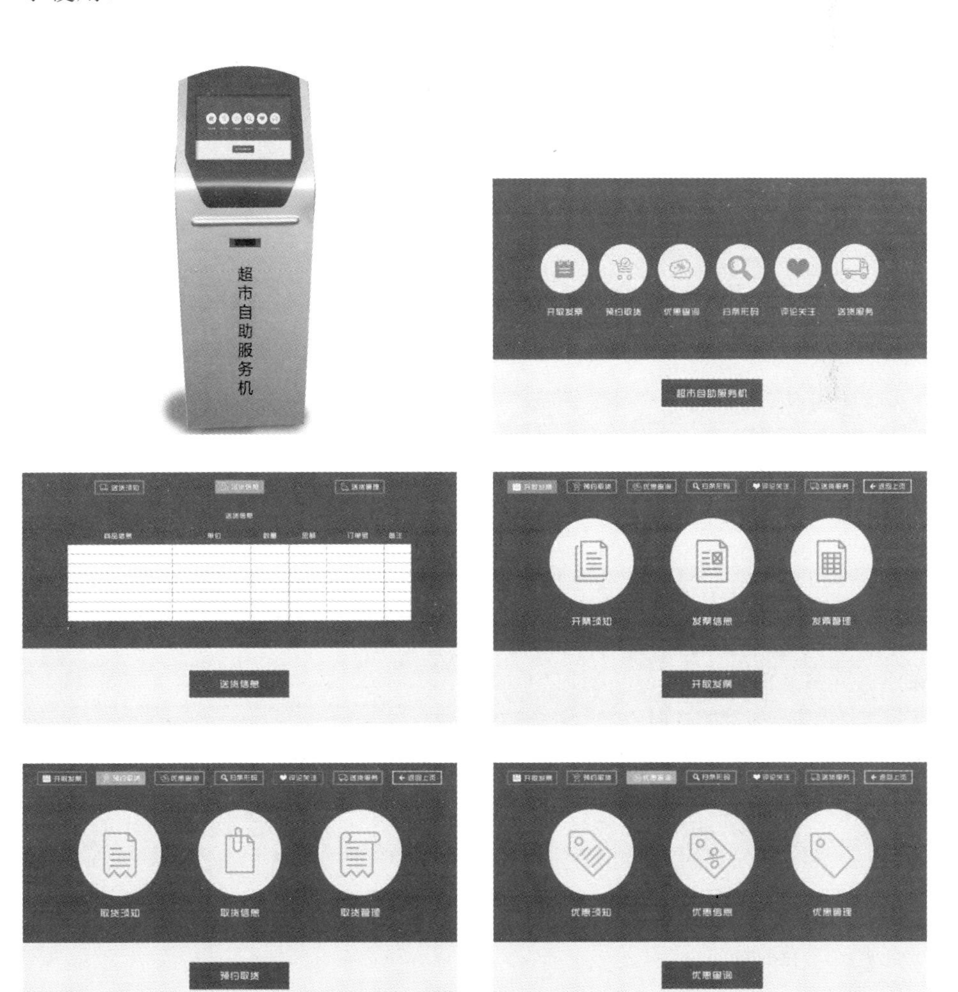

图 4.18　超市自助服务机

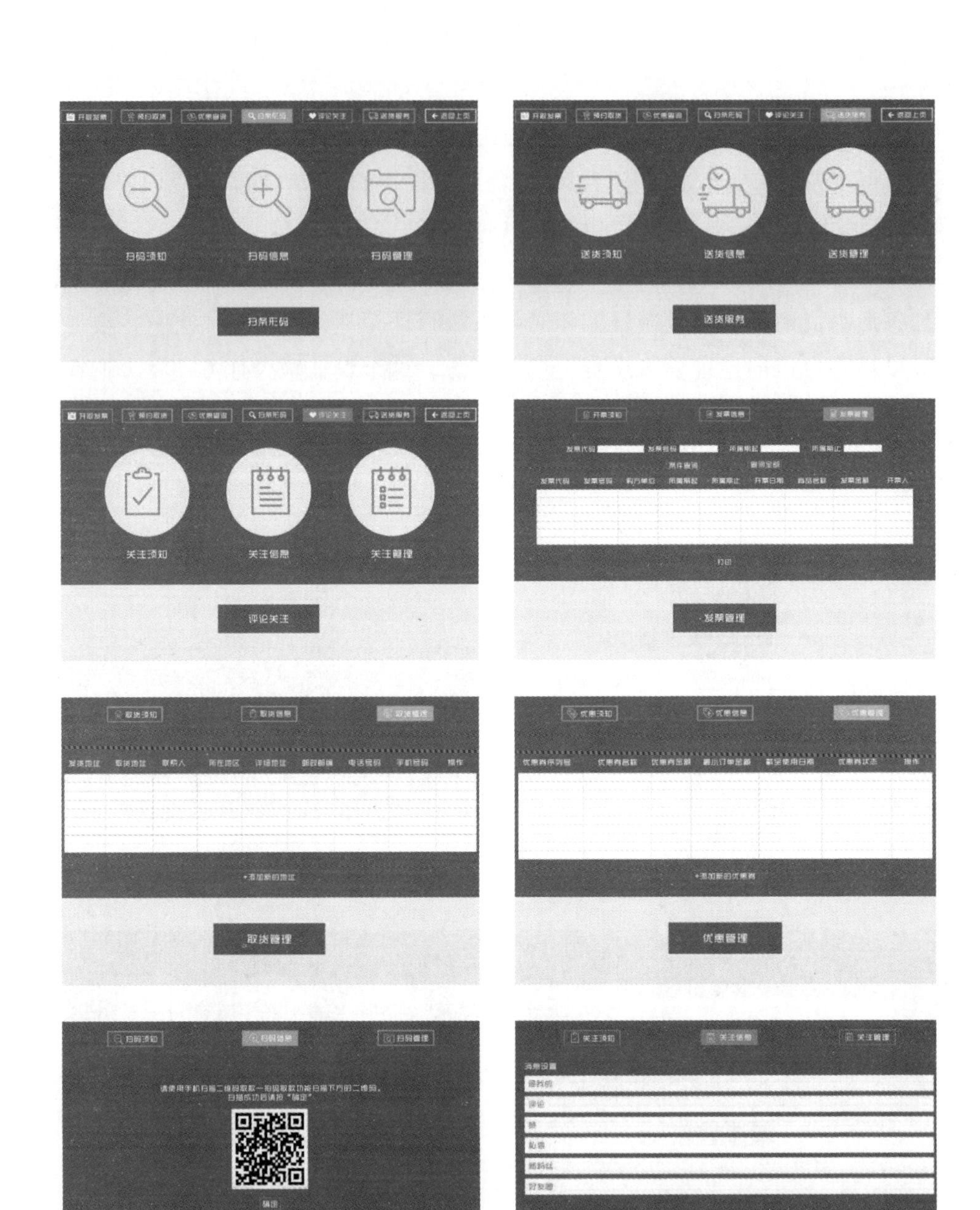

图 4.18 （续）

❹ 设计练习

（1）搜集银行取款机设计，分析不同银行的界面研究。

（2）图书馆翻阅书籍信息交互设计研究。

4.3 可穿戴产品交互设计研究与实践

市场上互联网可穿戴产品已经开始进入千家万户，这是信息时代发展的必然，极大地改变了人的生活方式，而整个互联网市场也将会向移动端倾斜。可穿戴设备即直接穿在身上，或是整合到用户的衣服或配件的一种便携式设备，如图 4.19 所示。可穿戴设备不仅是一种硬件设备，更是通过软件支持以及数据交互、云端交互来实现强大的功能，可穿戴设备将会对人们的生活、感知带来很大的转变。穿戴式设备具有很大的发展潜力，不仅是因为可穿戴，最重要的是可给消费者带来更多的产品体验。

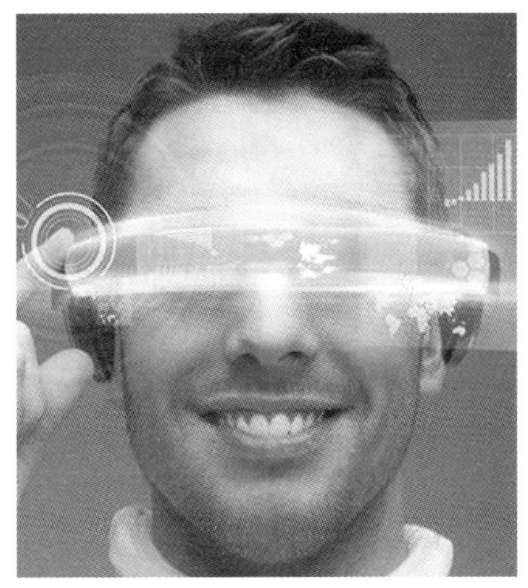

图 4.19　穿戴式设备

❶ 设计案例

微软正致力于开发一款名为 Alice band 的帮助城市盲人轻松辨识周围环境的可穿戴设备，如图 4.20 所示。该研发项目是英国政府专门为盲人推出的“城市解锁项目”的一部分，得到英国技术战略委员会的支持。项目的长期目标是改善所有城市用户的生活体验，特别是关注城市一体化面临的挑战。

图 4.20　Alice band

苹果推出了 Nike 深度合作版本 iWatch2——Apple Watch Nike Plus，如图 4.21 所示。这款设备深度整合了 Nike+ 的运动属性和社交属性，其界面的显示信息和 Siri 功能也针对运动特性进行了优化。

图 4.21　Apple Watch Nike Plus

Weloop 唯乐小黑 3 主打运动功能，如图 4.22 所示。拥有一块彩色 Memory LCD，专为户外运动设计，愈是户外强光，屏幕愈是清晰。以滑动切换时间、各种运动数据、天气。接收各种手机提醒时，不用掏出手机，抬手就可查看完整的微信消息、短信、新闻、来电提醒。运动实时监测，准度媲美专业心率带。为运动提供精准的心率数据，针对不同的训练目的，控制标准心率区间，提高每次跑步的训练效率。小黑 3 同时配置九轴动作感应器，可对多种运动姿态进行识别和记录，尤其是跑步时的步态监测，根据步频实时计算速度。

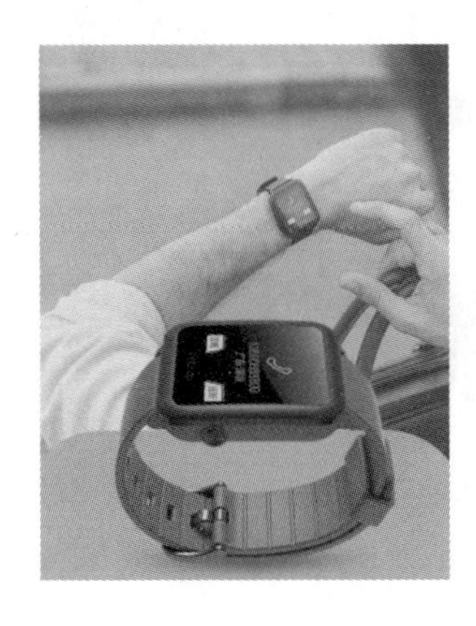  

图 4.22　Weloop 唯乐小黑 3

Tap Strap 可穿戴键盘使用蓝牙设备控制，让用户可以在任何物体表面敲击，从而完成打字，如图 4.23 所示。用户只需要像戴手套一样戴上 Tap Strap，不管单手还是双手均可打字输入；嵌入其中的传感器会检测手和手指的运动，不同的手指敲击组合成不同的字符。据报道，它能提供“快速，精准，无须眼看”的打字体验，适用于 iOS 和安卓手机、Mac 和 Windows 的台式计算机和智能电视。Tap Strap 有大，中，小三个版本。它通过 micro USB 进行充电，一次完整充电，支持 4 小时打字或者 72 小时待机。

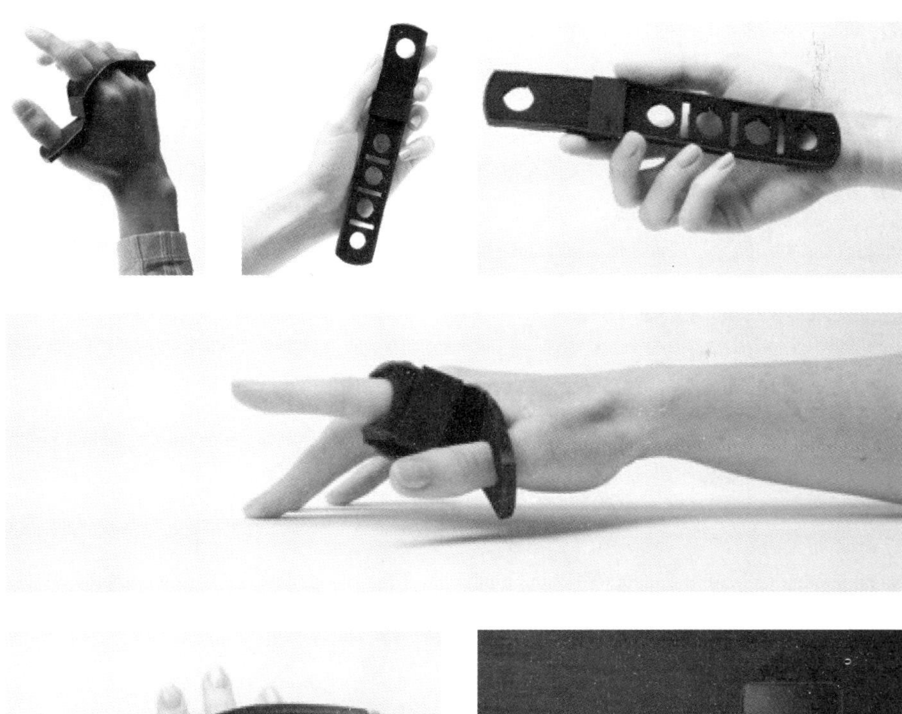

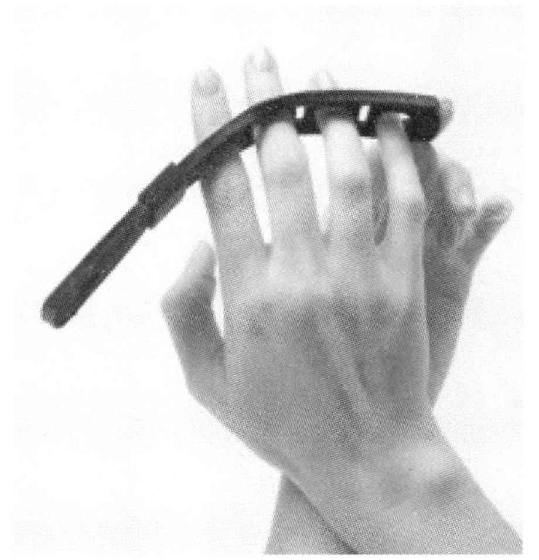

图 4.23　可穿戴键盘设计

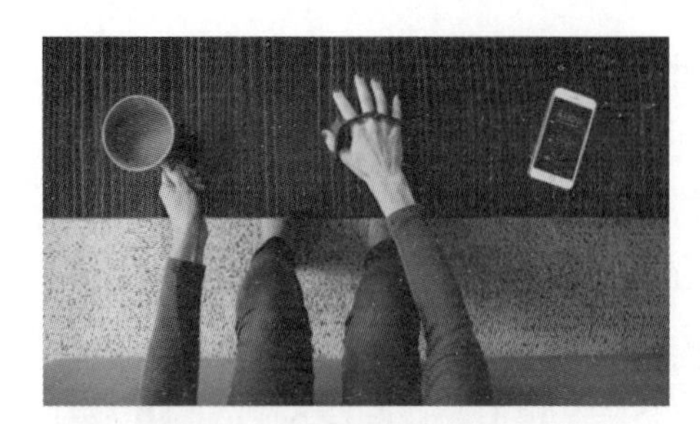

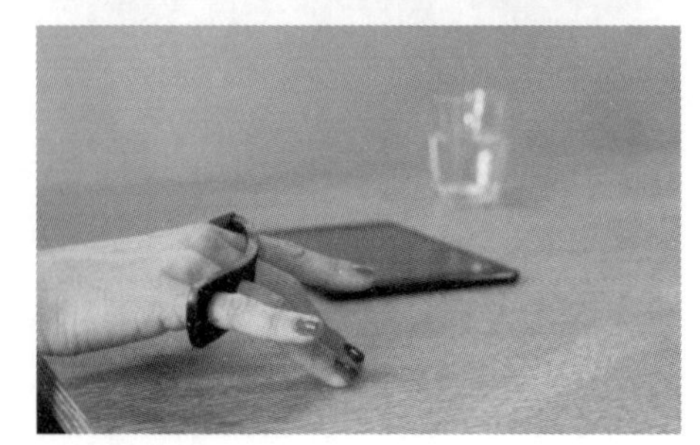

图 4.23　（续）

如图 4.24 所示，这个 Myo 手臂控制环能给生活带来不少的便利。关于 Myo Gesture Control Armband 的资料有很多。简单地说就是通过手臂的动作，探测肌肉神经变化从而遥控配套的蓝牙设备进行工作。就好像体感设备一样，不同之处在于体感需要摄像头捕捉，而这个手环戴在手臂上就行了。Myo Gesture Control Armband手臂控制环能够应用的东西非常多，不管是PPT演讲、视频切换，还是各种蓝牙设备的配套使用，都得心应手，随产品配套的使用教学视频能够很快地上手。

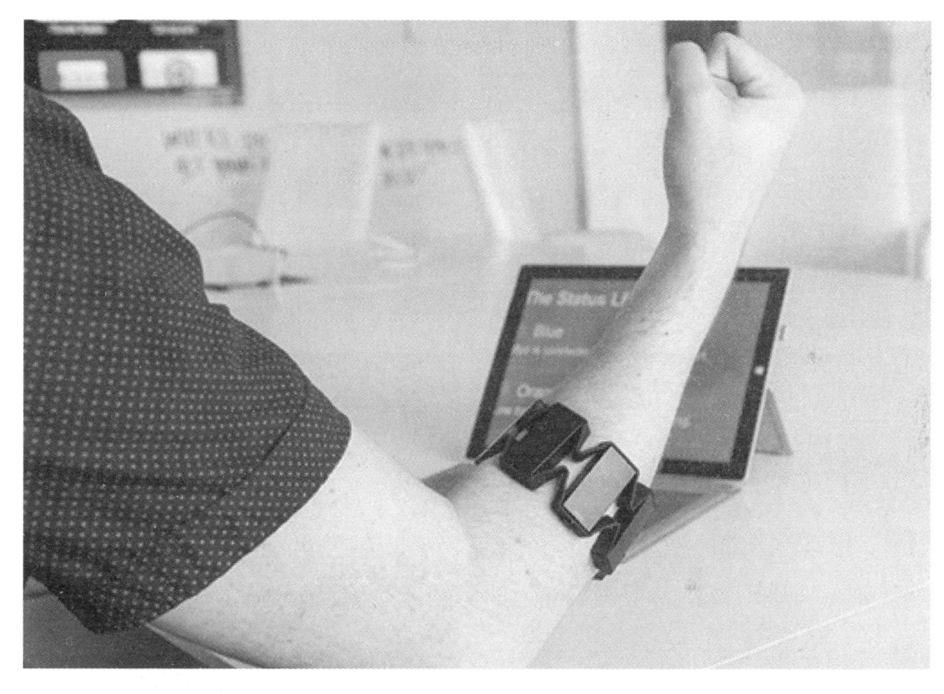

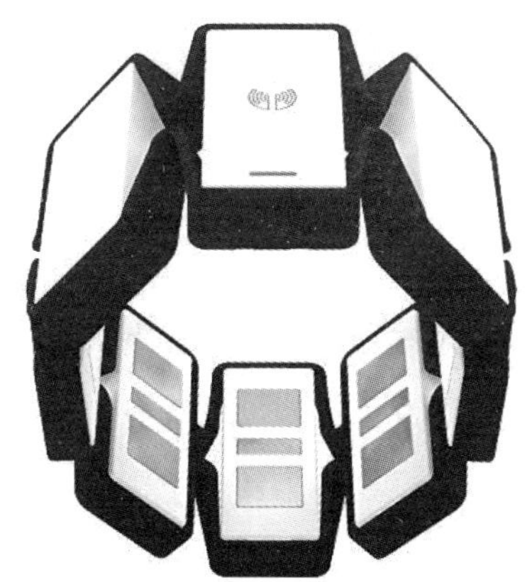

图 4.24　可穿戴臂环设计

SubPac M2 可穿戴音响系统，大小为 43cm×30cm×4cm，重 2.2 kg，如图 4.25 所示。穿在身上的时候就像背上背了一个包一样，通过触觉震动膜释放强大的沉浸式低音震动，但对于外界却可以保持绝对的安静，不会打扰到附近的人。其锂电池在充满电后可以支持用户 6 小时的连续音乐播放、游戏或者是家庭影院以及虚拟现实沉浸体验。

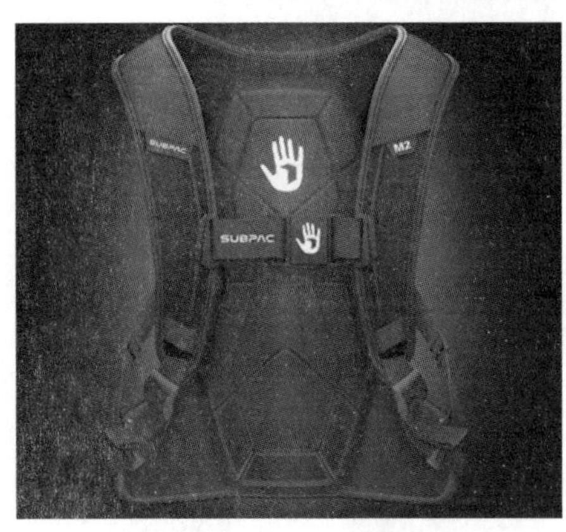

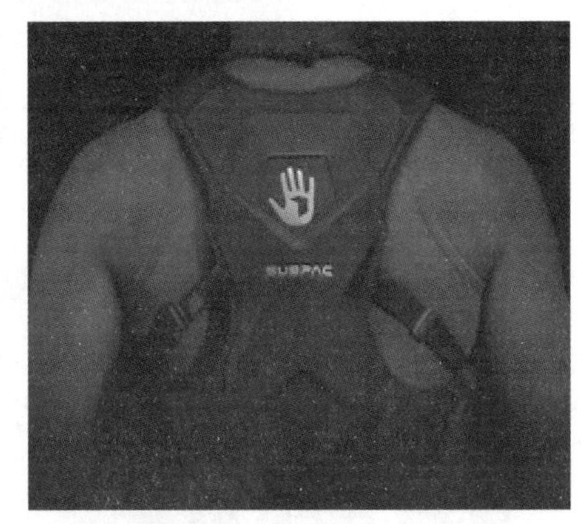

图 4.25　可穿戴音响系统

如图 4.26 所示这只黑框眼镜的普通外表下掩藏着强大的功能。与蓝牙和配套手机、平板、计算机应用程序相连，通过设定隐藏在镜框内侧只有佩戴者能看到的 LED 的颜色和图案，来提醒佩戴者收到电话、信息等；镜框边内置的两颗按钮可作遥控器用，轻轻按压就能切换幻灯片、歌曲等，简单而隐蔽；眼镜如果离开了限定范围，手机应用还会雷达定位其位置；一次充电可使用一周。除了这些强大的功能，其镜片来自全球最好的镜片制造商之一 ION 公司，品质和科技含量都毋庸置疑。

图 4.26　智能黑框眼镜设计

❷ 可穿戴产品的界面交互

可穿戴界面作为设备与用户沟通的直接桥梁，在产品设计中扮演着重要的角色，同时根据产品穿戴的形态特征，还有它的特殊性。比如对于健康类可穿戴设备，界面的设计尤为重要，它可以将监测所得的各种数据，经过分析、整合，有效地传递给用户。在设计中要注意几个要素：风格设计、情感设计、图标图形设计、版式及位置等，还应考虑用户的使用习惯和喜好，避免过度复杂。目前对手机这类产品的界面设计基本已定性，但是对于智能穿戴类的界面设计还需要探索。此类设备基本采取三种界面显示类型，一是产品本身的界面；二是产品与移动端结合——手机中的 APP 界面；三是投射于 3D 空间或者物体表面形成的虚拟界面。

如图 4.27 所示的设备，这是一款监测鼾症的穿戴健康设备，它可同时测量血氧饱和度和脉率，并且具有脉率波形，棒图显示功能。这款手表类的智能穿戴健康设备具有一块不小的屏幕，方便于显示检测的数据，从图中可以看到蓝、绿色的数字和波形，类似于医院设备的界面显示，非常直观地让用户看到检测的数据，并且界面中没有累赘的信息显示，只是显示用户想知道的信息，设计的目的非常明确。

图 4.27　鼾症医疗检测仪

在界面设计中，因针对不同的界面类型运用不同的设计方法，如投射到胳膊上的界面类型，这种界面的大小是固定的，不同于投射到空的宽阔界面，因为胳膊的横截面积是一定的，甚至一些瘦的人横截面积更小。如图 4.28 所示的一款 Protecting bracelet 可穿戴设备，采用虚拟投射技术，投射在物体表面形成界面。如图 4.29 所示的界面，利用不同的灰度区别功能区域，而整个界面，大部分都采用不同的灰色，加入非常少的其他颜色，给用户带来舒适的视觉感受。线状图标的运用简化了用户界面，又节省了空间。

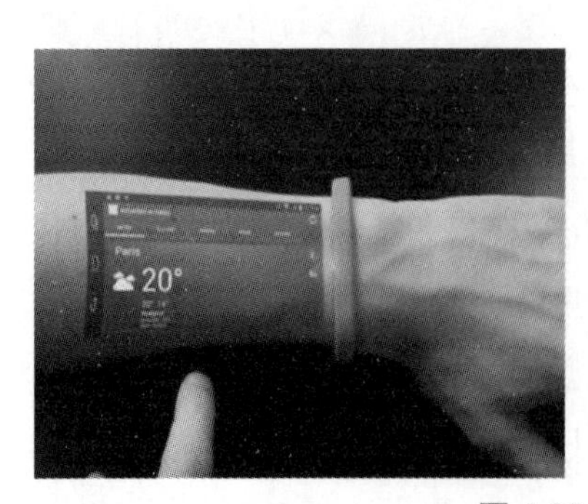

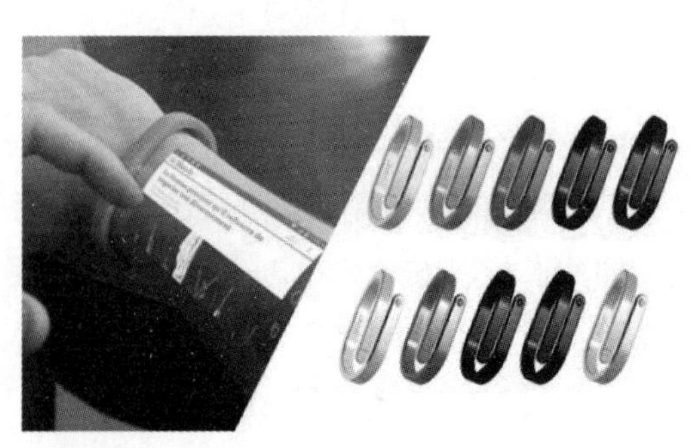

图 4.28　Protecting bracelet

微软研究中心与卡内基梅隆大学著名的人机互动学院，目前在“人机接口软件与技术”（User Interface Software and Technology）座谈会中展示了OmniTouch系统，此种穿戴式的多重触控互动技术，能将任何表面转成触控屏幕，这将改变过去只能在有限屏幕尺寸内操作的经验。OmniTouch系统的概念类似微软专为Xbox 360所设计的Kinect体感遥控器，主要有三项组件，包括可感应20cm内对象的深度相机、微型雷射投影机，以及可供感应与投影的各种表面。透过OmniTouch系统，人们可在手掌上输入电话号码、在墙壁上阅读邮件等，如图4.29所示。

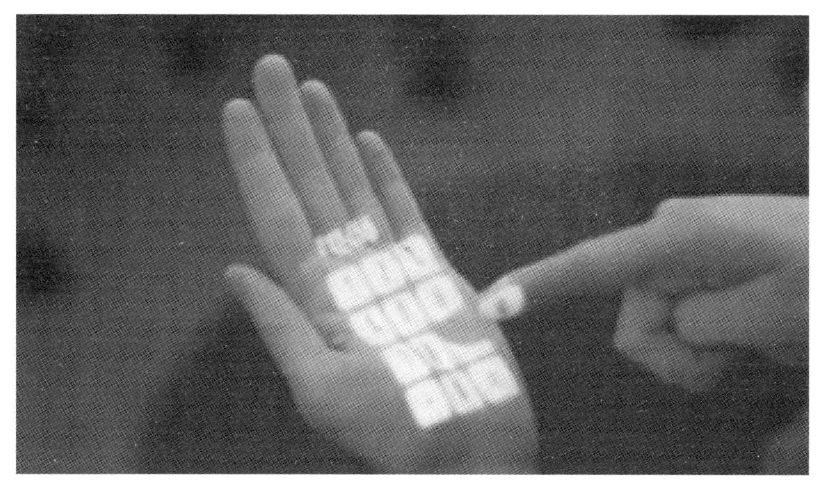

图4.29　OmniTouch系统

❸ 形态交互设计

随着科技的发展，功能已经不完全是产品的最终目标，产品的形态却是首先被用户体验到，成为用户是否喜欢产品的最大因素之一。作为可穿戴设备，在形态上要达到便携、安全、佩戴舒适、材质环保等要求。就如目前市场中最多的健康手环，种类繁多，造型各异，在面对功能几乎相同的情况下，形态的好坏成为影响产品销售量的最大因素之一。

如图4.30所示的菲尔德养生手环，该手环设计了5种色彩，基本满足一般人的需求。在造型方面，下面的弧度打破了传统圆形的造型特点，新颖独特，设计丰富。手环隐藏了开口设置，使产品的整体性更加突出，按钮稍凸出于手环表面，减少了误操作的概率。表面的白色圆点在满足功能需要的同时起到了很好的装饰作用。

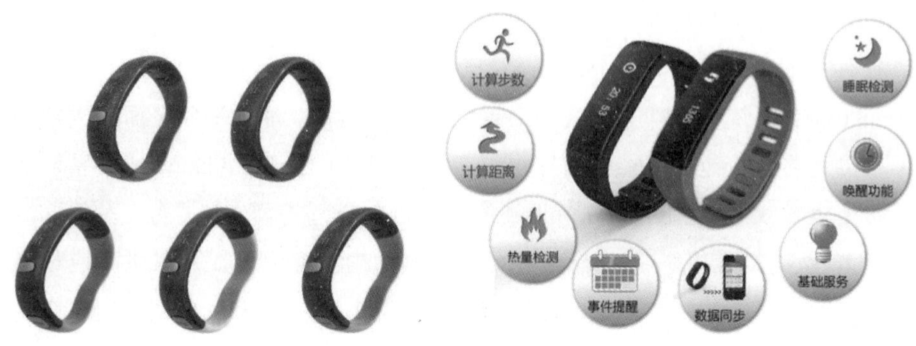

图 4.30 菲尔德养生手环

❹ 穿戴方式

可穿戴设备按形态划分，可分为头戴式、身着式、手戴式、脚穿式 4 类，无论是哪种穿戴方式，都应该符合人体工程学和人体运动规律。它可以作为一个设备单独存在，也可以融进衣服等载体中，比如血压测量仪可以植入袖子中，当你想测量的时候便测量，而不需拿出一件件设备进行各种连接；如智能健康袜，这种袜子与传感器相互连接，它可以实时监测你的步数，并可以察觉到你是否疲惫是否需要休息，还可以纠正错误的脚步；一个被植入芯片的项链，当它贴于胸口时便可检测心率等数据，判断你的心跳是否正常。

如图 4.31 所示的表皮电子，几乎感觉不到它的存在，虽类似于人体彩绘，更有很强的实用功能。它可以检测用户的皮肤温度、脑电波或心率，并以无线电波的方式将数据发送到医院的计算机上。它还可应用于孕妇的肚皮上，检测胎儿的各项数据是否正常，为孕妇提供了极大便利，安全又可靠。

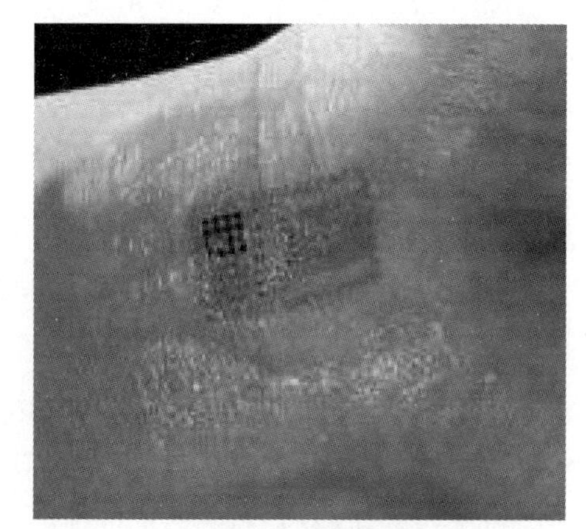

图 4.31 表皮电子

MIT 媒体实验室研发出了一款临时文身——DuoSkin，这款文身可将皮肤变成触摸板，让可穿戴者远程发送数据或通过 NFC 控制智能设备，甚至获取人体信息等，如图 4.32 所示。

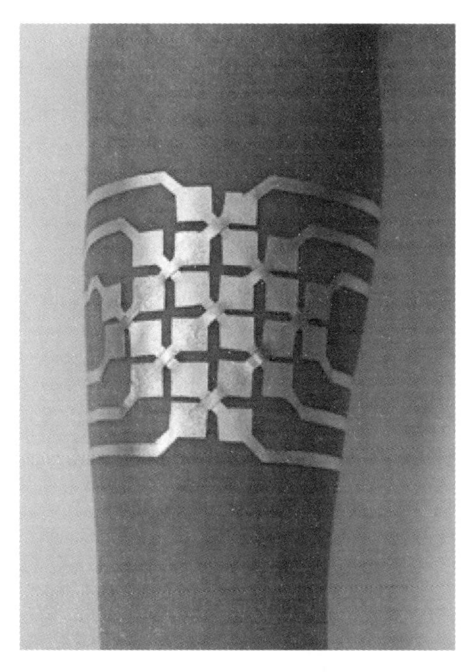

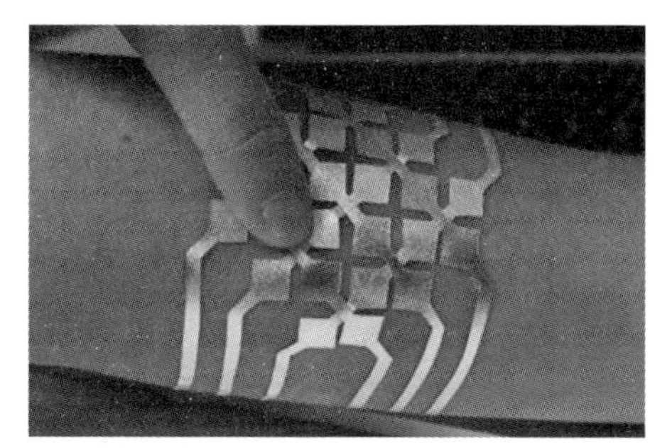

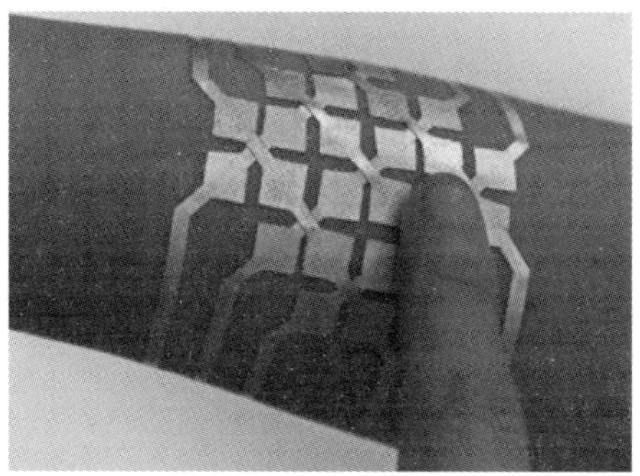

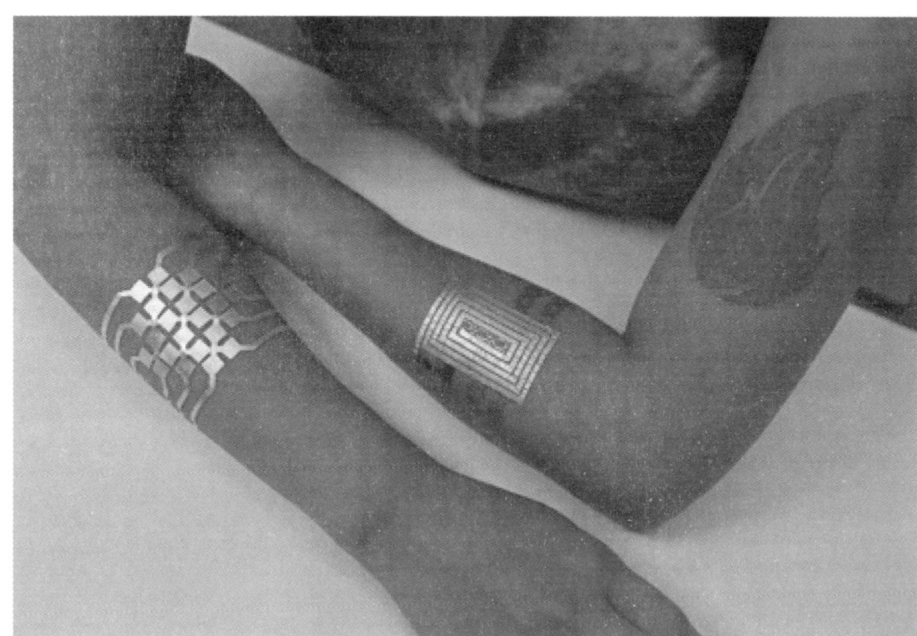

图 4.32　DuoSkin

❺ 设计实践

可穿戴设备草图设计如图 4.33 所示。

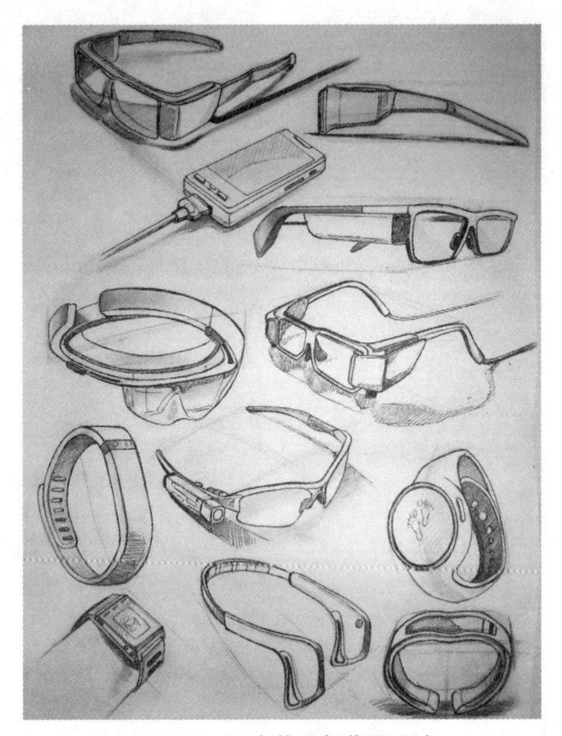

图 4.33　可穿戴设备草图设计

在“互联网 +”概念的当下，医疗正是被首要波及的行列。随着经济的发展、人民生活水平的提高，中国社会人口老龄化的加剧，传统医疗已满足不了人们的需求，急需变革，这不仅需要科技的介入，更需要国家政府的大力支持、相关法律的完善、医疗制度的改革。互联网医疗的出现有效缓解了传统医疗的困境，将医疗与互联网进行融合，利用互联网的优势弥补传统医疗的不足，使患者在网上就可以咨询医生，甚至足不出户便可以完成诊治并拿到药品，一定程度上缓解了医院的就医人流。

相比于互联网医疗的发展，实体医疗也在摸索前进中，如今有了智能穿戴和互联网医疗的帮助，利用智能穿戴实时监测用户的身体数据，如血压、心率、体温、睡眠质量等，通过 APP 将数据传到社区医疗处，医生便可以直接得到用户的身体数据，省略现场做检查的时间，快速完成病情的监控或诊治，并可为小区居民制定电子健康档案进行系统管理，在居民去其他医院诊治时，可快速提供身体状况及病史，极大缩短诊治时间，如图 4.34 所示。

实践一：下图为笔者指导学生的医疗智能穿戴作品。

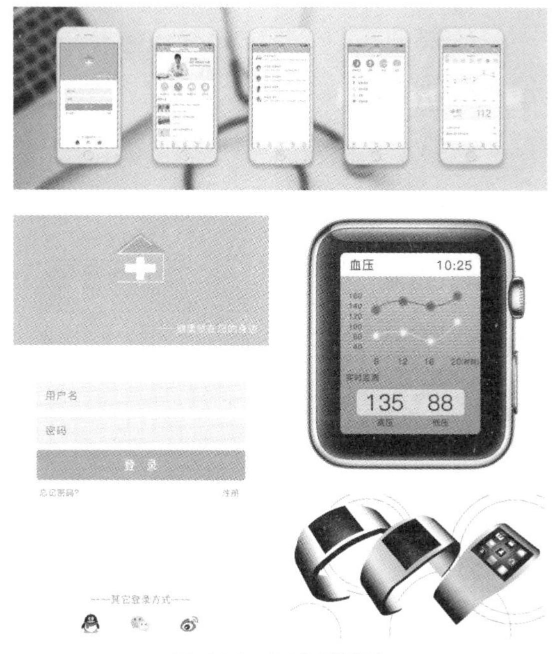

图 4.34　可穿戴设计

实践二：下图为笔者指导学生设计的可穿戴手表交互作品。

图 4.35　可穿戴手表交互设计

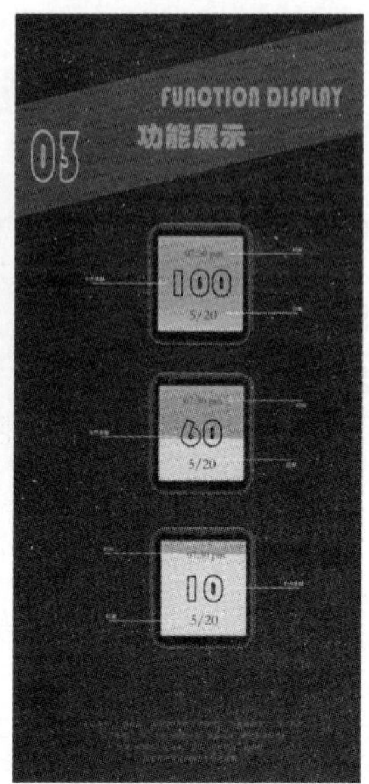

图 4.35 （续）

❻ 设计练习

（1）设计一款可穿戴救助产品。

（2）设计一款可穿戴影像播放器概念产品。

4.4 社区产品交互设计研究与实践

社区是若干社会群体或社会组织聚集在某一个领域里所形成的一个生活上相互关联的大集体，是社会有机体最基本的内容，是宏观社会的缩影。社会学家普遍认为一个社区应该包括一定数量的人口、一定范围的地域、一定规模的设施、一定特征的文化、一定类型的组织。社区就是这样一个聚居在一定地域范围内的人们所组成的社会生活共同体。

一个社区至少包括以下特征：有一定的地理区域；有一定数量的人口；居民之间有共同的意识和利益，并有着较密切的社会交往。一个村落、一条街道、一个县、一个市，都是规模不等的社区。在日常生活中，人们常提及的社区往往是与个人的生活关系最密切的、有直接关系的较小型的社区，如农村的村或乡、城市的住宅小区。社区无论大小，都有居民居住，通常还有若干个社会组织或单位。根据我国社会发展状况，应当重点培育和完善的社区功能如：管理功能，管理生活在社区的人群的社会生活事务；服务功能，为社区居民和单位提供社会化服务；保障功能，救助和保护社区内弱势群体；教育功能，提高社区成员的文明素质和文化修养；安全稳定功能，化解各种社会矛盾，保证居民生命财产安全。

社区管理和服务机构的重要职能是为社区成员提供社区服务，如生活服务（家电维修、洗熨衣物、电视计算机网络管理等）；文化体育服务（组织文艺表演、举办体育活动、组织外出旅游、组织青少年校外活动等）；卫生保健服务（设置家庭病床、指导计划生育、免疫接种、打扫公共区域等）；治安调解服务（守楼护院、调解家庭和邻里纠纷、法律咨询、办理户口等）。

❶ 信息化智慧社区

近年来，充分融合了物联网技术与传统信息技术的智慧社区解决方案逐渐出现，并在一些发达地区实施。智慧社区典型应用包括智慧家居、智慧物业、智慧政务、智慧公共服务。智慧家居是融合家庭控制网络和多媒体信息网络于一体的一个家庭信息化网络平台。

在应用方面，社区信息化应用始终主要围绕着居民日常生活展开，在智慧社区，智慧应用将渗透居民生活的各个方面。智慧家居将各种电子信息设备、通信设备、娱乐设备、家用电器、自动化设备、照明设备、保安（监控）装置等连成网络，通过多功能智能控制器、互联网和物联网络可以实现远程控制，各种设备可以与传感器结合，根据环境变化自动变换状态，方便了居民的日常生活。同时，在对特殊人群的生活保障服务方面，利用先进的技术手段帮助他们解决日常生活中遇到的实际问题，像养老服务与信息终端、一站式服务、医疗与紧急求助、遥控、监控等传感类产品，为他们提供方便，如图 4.36 ～图 4.37 所示。

随着社会的进步，我们居住的社区也处在不断的变化发展之中。建设美好的社区需要大家共同参与，每个人都有机会为实现社区的发展而施展和贡献自己的才能。

图 4.36　社区快递柜

图 4.37　社区门禁

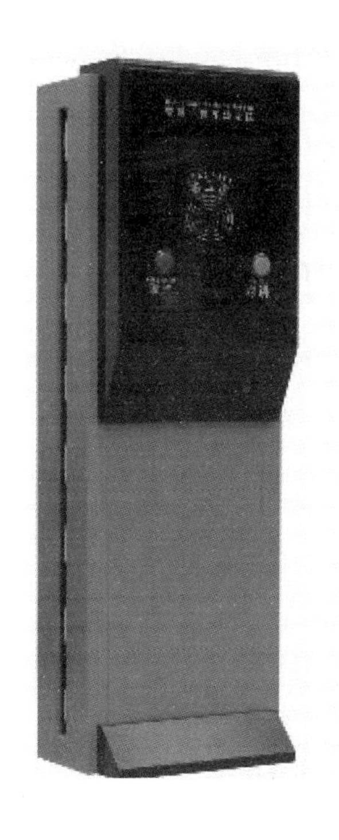
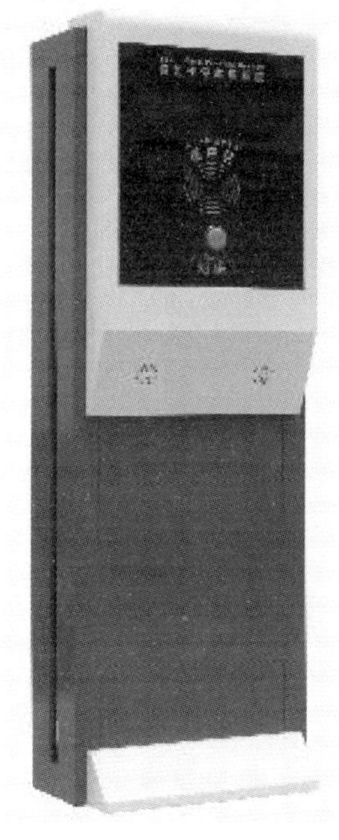
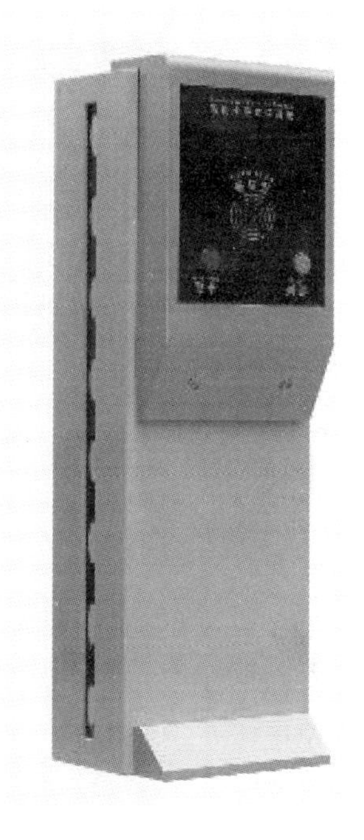

图 4.38　停车交互系统

❷ 设计实践

实践一：关于社区管理交互系统设计，如图 4.39 所示。

随着社会的进步，互联网智能社区是公共服务的发展方向，下图为笔者指导学生设计的社区交互系统的作品。

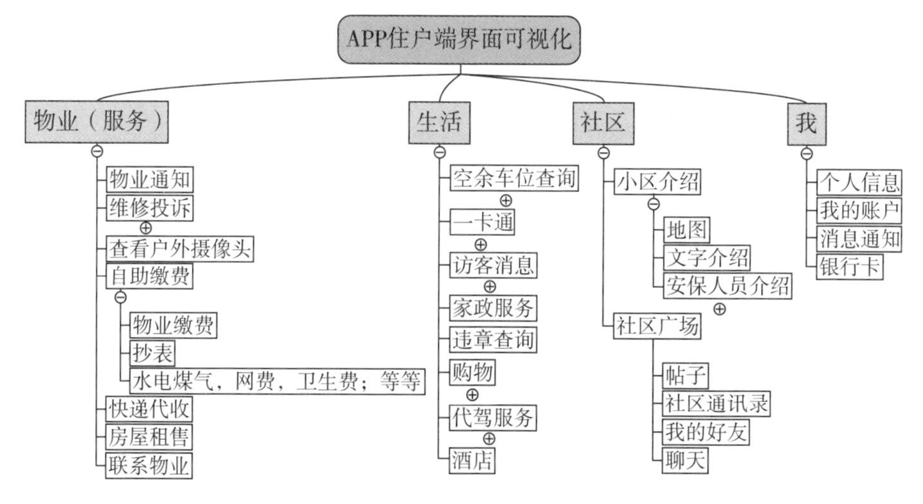

图 4.39　作品图纸

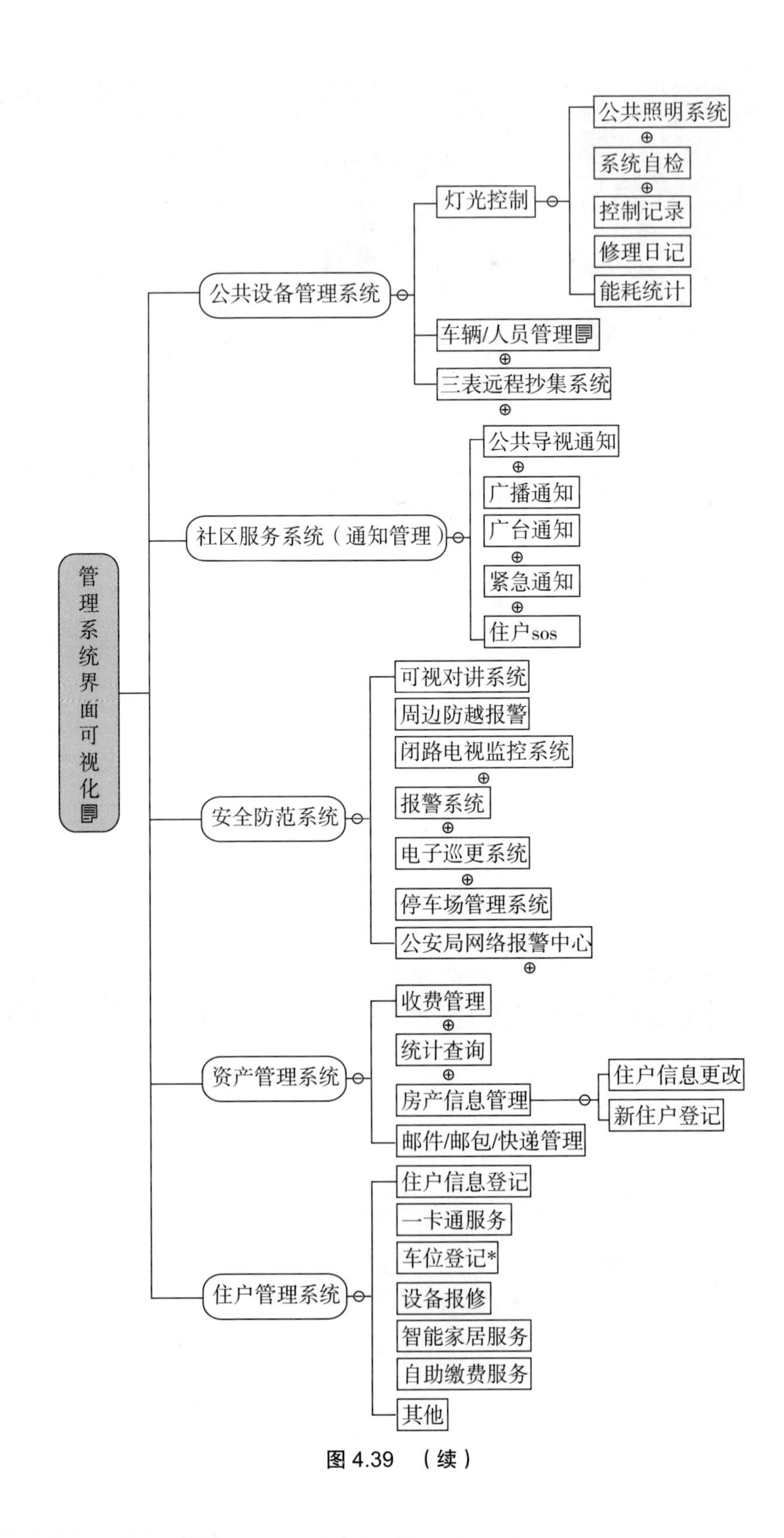
管理系统界面可视化
公共设备管理系统
灯光控制
公共照明系统
系统自检
控制记录
修理日记
能耗统计
车辆/人员管理
三表远程抄集系统
社区服务系统（通知管理）
公共导视通知
广播通知
广台通知
紧急通知
住户sos
安全防范系统
可视对讲系统
周边防越报警
闭路电视监控系统
报警系统
电子巡更系统
停车场管理系统
公安局网络报警中心
资产管理系统
收费管理
统计查询
房产信息管理
住户信息更改
新住户登记
邮件/邮包/快递管理
住户管理系统
住户信息登记
一卡通服务
车位登记*
设备报修
智能家居服务
自助缴费服务
其他

图 4.39 （续）

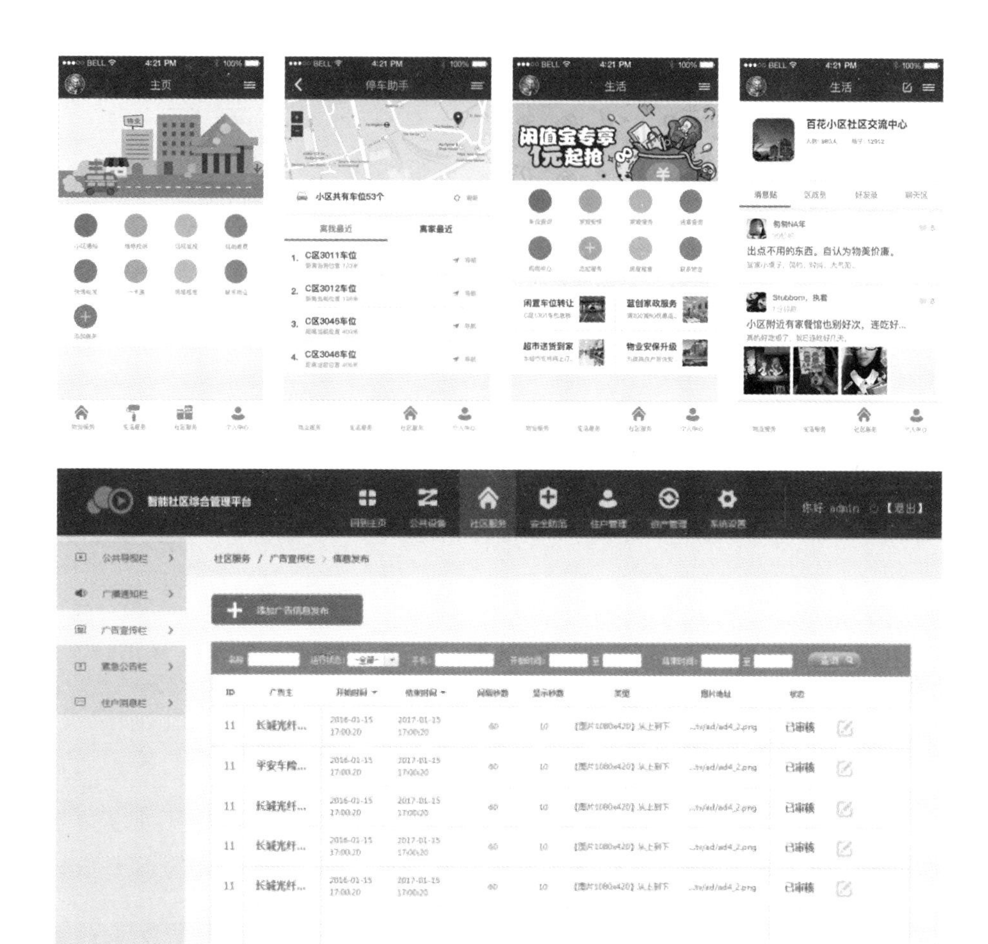
主页
停车助手
小区共有车位53个
离我最近
离家最近
C区3011车位
C区3012车位
C区3046车位
C区3046车位
生活
闲值宝专享
1元起抢
闲置车位转让
蓝创家政服务
超市送货到家
物业安保升级
百花小区社区交流中心
出点不用的东西。自认为物美价廉。
小区附近有家餐馆也别好次，连吃好...
智能社区综合管理平台
回到主页
公共设备
社区服务
安全防范
住户管理
资产管理
系统设置
你好 admin
【退出】
公共导视栏
广播通知栏
广告宣传栏
紧急公告栏
住户消息栏
社区服务 / 广告宣传栏 > 信息发布
添加广告信息发布
ID
广告主
开始时间
结束时间
间隔秒数
显示秒数
类型
图片地址
状态
长城光纤...
平安车险...
已审核

智能社区综合管理平台
回到主页
公共设备
社区服务
安全防范
住户管理
资产管理
系统设置
你好 admin
【退出】
住户信息栏
一卡通服务
车位登记栏
设备报修栏
智能家居栏
自助缴费栏
+ 更多功能
住户管理 / 车位登记栏 > 车位信息
A区
B区
C区
D区
F区
G区
C区当前车位数据
总数：143个
空闲：51个
使用率：61%
空闲率：39%
外来车：10%
外来车辆近1个月使用情况
ID
广告主
开始时间
结束时间
间隔秒数
显示秒数
类型
图片地址
状态
11
长城光纤...
2016-01-15 17:00:20
2017-01-15 17:00:20
60
10
【图片1080x420】从上到下
...tv/ad/ad4_2.png
已审核

图 4.39 （续）

图 4.39 （续）

实践二：如图 4.40 所示农家题材 APP 的设计。

图标设计：图标的图案由上下两部分组成，上部是由圆头、粗细一致、长短不一的三条线组成了一个“人”字；下部由 6 条圆头、粗细、长短一致的线段组成了一个“田”字；上下两部分正好组成一个“房子”的形状。采用线段拼凑的形式，来源于农田纵横交错的灌溉沟渠；房子代表了家，农村

农家

图 4.40 农家 APP 设计

的房子大多都有一个烟囱，于是在上部用一个方块来表现烟囱，从而来表现“农家”这个APP的主题。图标的底色为绿色，取自农田、农作物的颜色，表现了农村生机勃勃、食物的新鲜与健康。

界面设计：界面主色调主要延续图标的绿色，界面整体简单明了。一级界面主要向用户展示了主要功能模块，包括：要在此平台进行交易必须进行申请、认证，保障信息的安全性；交易种类有水果、蔬菜、粮食、日用品等，除了文字，也用了相应的图案（草莓、茄子代表水果蔬菜；玉米代表粮食；锅代表日用品等）来直观地向用户展示产品种类；供求信息，用户可以随时随地发布供求信息，信息以滚动形式表现，当有需求时可以及时联系并进行交易；界面最下方一栏为导航栏，用户可以在“资讯”里查看完整供求信息，在“发现”里看不同用户发布的产品使用心得或者新鲜事儿，在“购物篮”里可以看到自己已经选择的产品，在“我的”里面可以看到个人信息等。其中，购物篮的图标设计，灵感源自于农村人日常去赶集所使用的手工编织篮筐，使用户在使用过程中更加亲切、直观。

当用户单击需要购买产品种类的图标时，二级界面的设计主要就是向用户展现产品的实物图，并标注了价格、重量、所在地等信息；最下方是购物篮的小图标，用户看中哪种产品时，可以长按此产品将它拖入购物篮，以便随时查看所选择的产品，此动态主要模拟了农村人购买食物时将选中的产品放入篮筐中的动作，使用户在进行操作时更加轻松方便。

整个图标和界面的设计都是根据农村的元素、颜色、生活习惯等来进行设计的，为的是让主要的农村用户人群在使用时易操作，让此APP得到大范围的使用与推广，从而方便农村人的日常生活，提高农户的收益。

❸ 设计练习

（1）寻找社区内存在的问题。

（2）设计一款社区门禁产品。

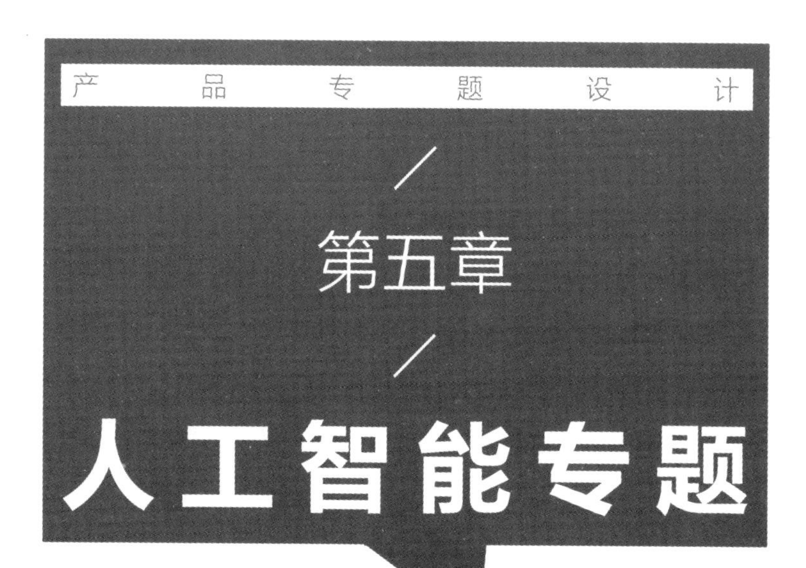
产品专题设计
第五章
人工智能专题

人工智能（Artificial Intelligence，AI。）是研究、开发用于模拟、延伸和扩展人的智能的理论、方法、技术及应用系统的一门新的技术科学。人工智能是计算机科学的一个分支，它企图了解智能的实质，并生产出一种新的能以人类智能相似的方式做出反应的智能机器，该领域的研究包括机器人、语言识别、图像识别、自然语言处理和专家系统等。对于产品设计专业来讲，是通过创意寻找智能的出发点，有效利用智能技术服务产品实现。

5.1 产品智能化设计概述

智能设计就其本质而言，是对人的思维的信息过程的模拟。对于人的思维模拟可以从两条道路进行，一是结构模拟，仿照人脑的结构机制，制造出“类人脑”的机器；二是功能模拟，暂时撇开人脑的内部结构，而从其功能过程进行模拟。现代电子计算机的产生便是对人脑思维功能的模拟，是对人脑思维的信息过程的模拟。如图 5.1 所示的智能扶手设计。

随着科技的不断发展，智能生活体验正不断刷新着人们的生活习惯，智能时代已悄然来临。产品智能化能够使我们的生活更加舒服自然，更有品质，科技成就美好生活，锦上添花。不少企业开始寻找开发出路新的智能产品设计，顺应这种趋势，越来越多以智能型、功能型为卖点的接连问世。如图 5.1 所示的智能产品。作为产品设计师，通过构思、推敲、研究、指引生活方式的改变、推进社会、经济、技术的发展。

产品智能化突出以下三个特征：

❶ 智能性

产品会“思考”，产品会做出正确判断并执行任务。比如智能吸尘器，每天在无人指挥的情况下，自动完成清洁任务，如果感觉电力不足，会自动

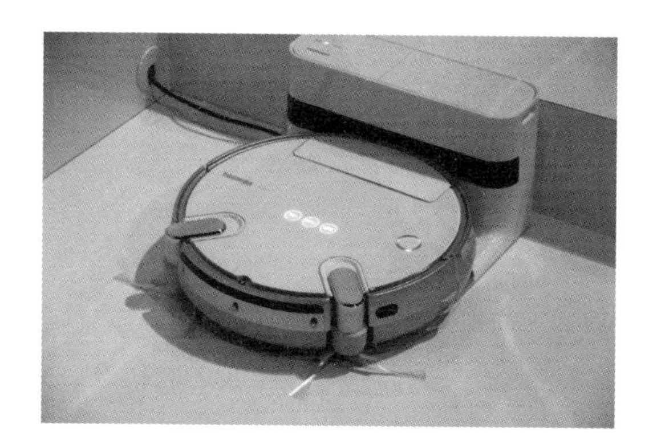

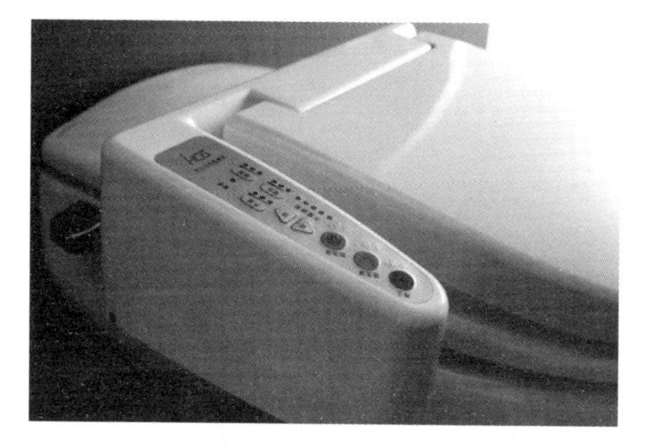

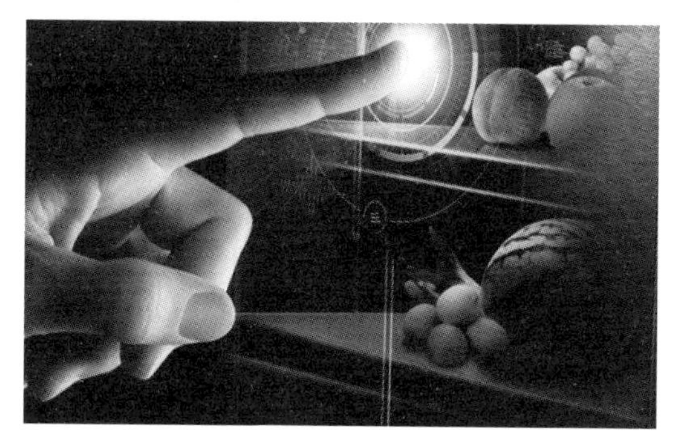

图 5.1　智能产品

前往充电，充完电后还会沿着原来的路线，继续完成未结束的清扫工作。再如，智能冰箱能根据商品的条形码来识别食品，提醒你每天所需饮用的食品，甚至提示你的营养搭配是否合适，商品是否快过保质期等。

❷ 网络性

产品可以随时和人通过网络保持联系。这种联系超越了空间的限制，人可以随时随地控制产品，产品之间也是互相联系的。比如家用电器由单体变为系统并与因特网连接，由线状变为网状，由封闭变为开放。比如冰箱、电炉、洗碗机、洗衣机等，一旦出现故障，还能自动呼叫维修服务。冰箱可以通过网上超市自动订购商品，洗衣机可以同电炉和洗碗机相互联络，谁最紧迫，谁就先用电等。

❸ 沟通性

产品和人的主动的交流，形成互动。这种互动是积极的，一方面产品接受人的指令，并做出判断的参考意见；另一方面产品可以觉察人的情绪的变化，主动和人沟通。充分体现人性化和亲和力。

5.2 家庭智能产品设计研究与实践

❶ 家庭智能化

家庭智能化是随着科技的高速发展和人们生活要求的不断提高应运而生。可以定义为一个目标、一个过程或者一个系统。利用先进的计算机、网络通信、自动控制等技术，将与家庭生活有关的各种应用子系统有机地结合在一起，通过综合管理，让家庭生活更舒适、安全、有效和节能，优化人们的生活方式。将一批原来被动静止的家居设备转变为具有“智慧”的工具。

智能作为一个新的产品技术，创新与实用改变了传统的家居生活，为人们创造一个方便、节能、舒适的新家居生活。

❷ 设计案例

Prophix 是一款带有微型摄像头的智能牙刷，内置蓝牙以及无线网络模块，在手机上安装配套的应用之后，就可以对刷牙过程进行“现场直播”，确保每一颗牙齿都能刷得干干净净，如图 5.2 所示。

三星给我们带来了一款 WELT 智能腰带，如图 5.3 所示。它能凭借对步数、坐定时长及饮食习惯的监测，帮助使用者更好地控制腰围。WELT 腰带最大的用处就是帮助用户节制饮食，如果摄入食物量过多，皮带会发出警告，当食物摄入量有节制时，皮带则会通过应用进行鼓励。此外，WELT 腰带还能检测佩戴者站立的频率和时间，并通过智能手机应用来给予指导，这款腰带中还拥有计步器，能够追踪步数。

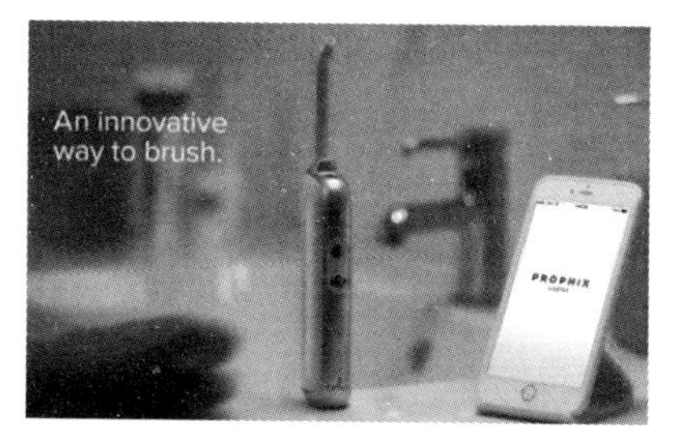

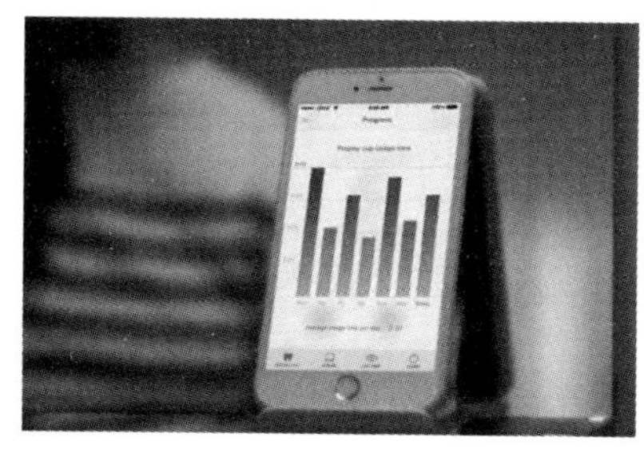

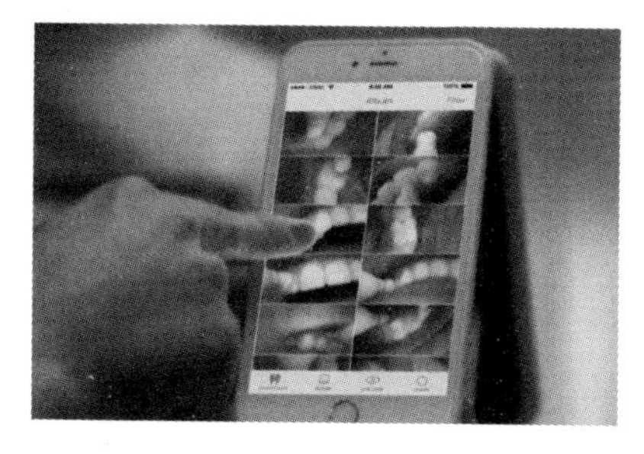

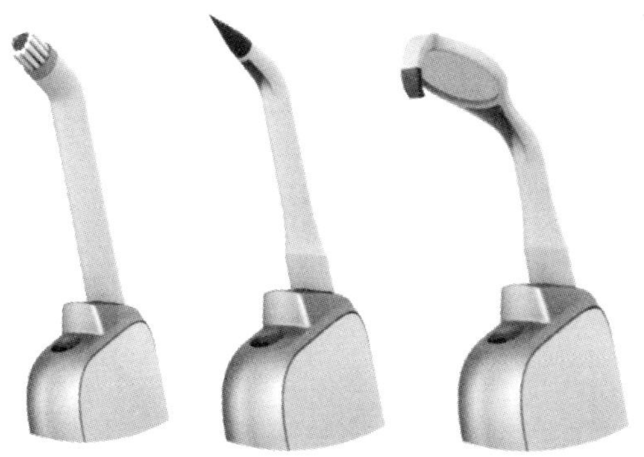

图 5.2　智能牙刷设计

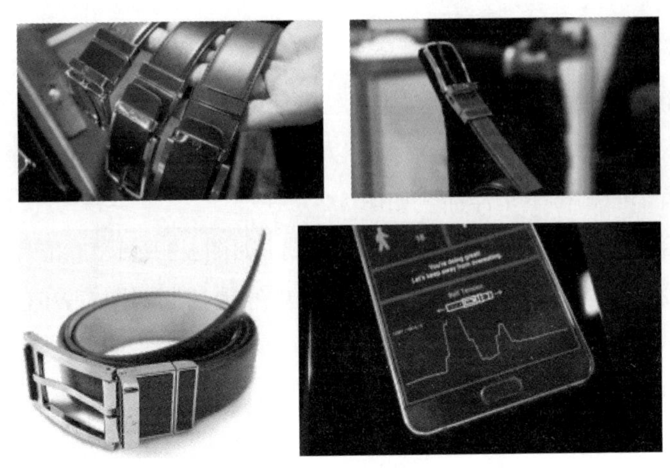

图 5.3　智能腰带设计

来自意大利的设计师 Matteo Agati 制作了一款名为 HyperEthereal 的智能眼镜，它的镜框是采用特别材料制成，当与皮肤接触（比如鼻梁的位置）时，身体的温度将让它升温——进而，让它变得透明。于是，当用户戴上它的时候，就能获得一种神奇的镜框消失的效果，如图 5.4 所示。

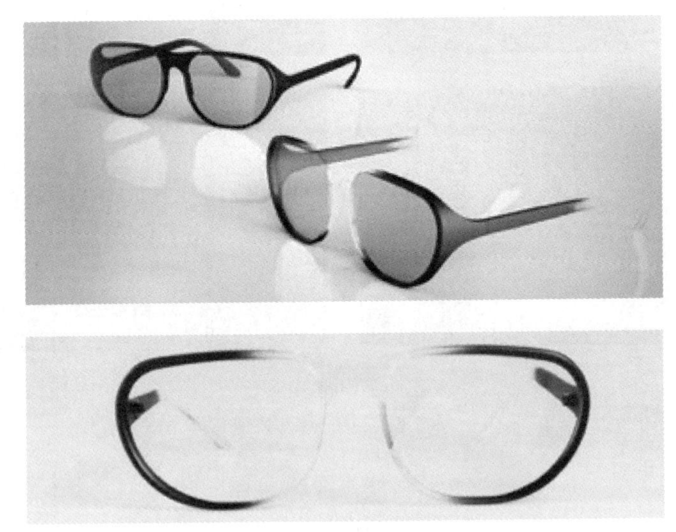

图 5.4　智能眼镜设计

oombrella 是一款可以实时预报天气的智能雨伞，内含传感器，能够收集湿度、温度、气压、光照强度等信息，并通过蓝牙与手机上的气象播报以及位置等服务相关联，及时将天气变化发送到手机之上，同时，可使用伞把上的蜂鸣器和指示灯给予提示，以免没听到铃声而遗漏，如图 5.5 所示。

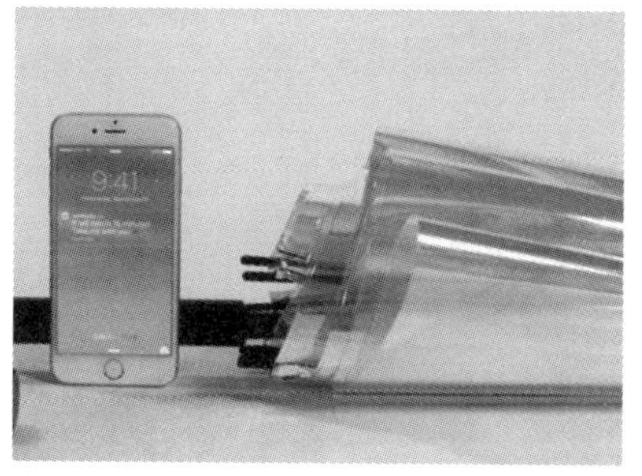

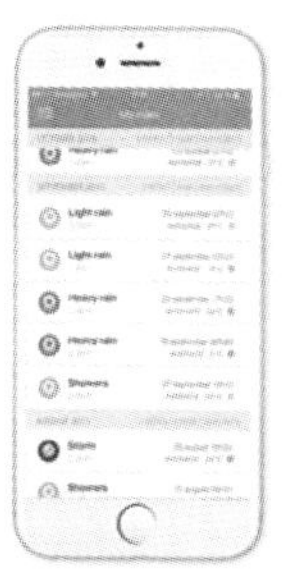

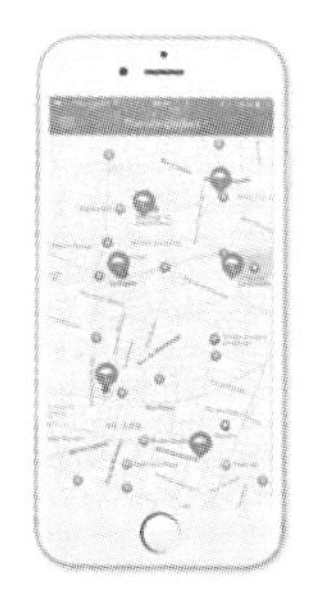

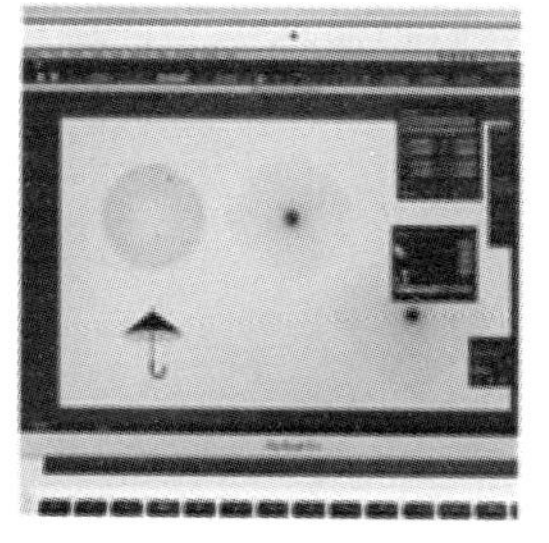

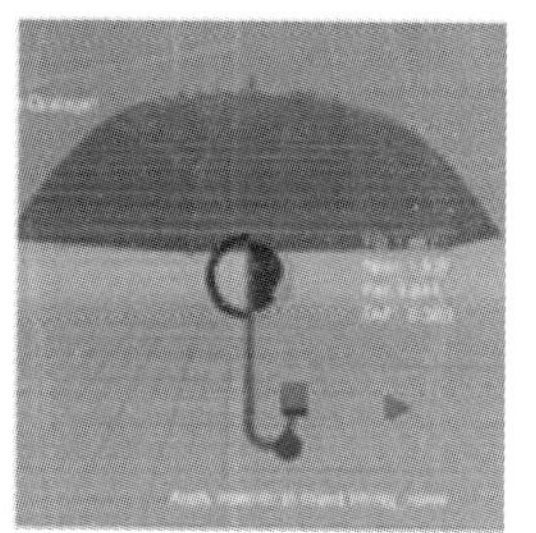

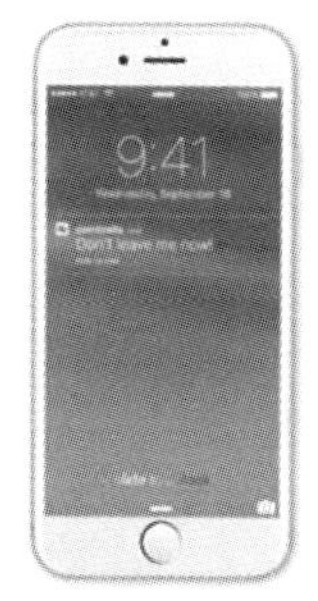

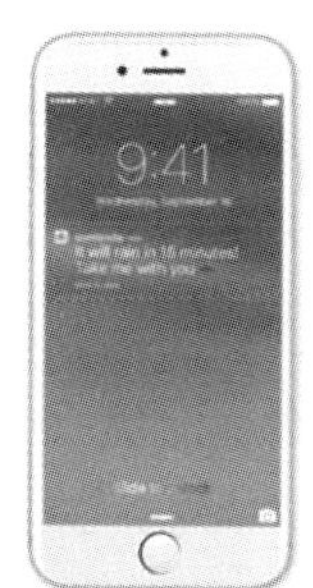

图 5.5　智能雨伞设计

索尼 Huis 遥控器采用了电子墨水屏，支持触控，允许用户根据自身的使用习惯来定制按钮布局，可用于控制电视、蓝光播放器、灯光和空调在内的所有家居设备，一劳永逸，极大节省了使用空间和认知成本，而且省电环保，如图 5.6 所示。

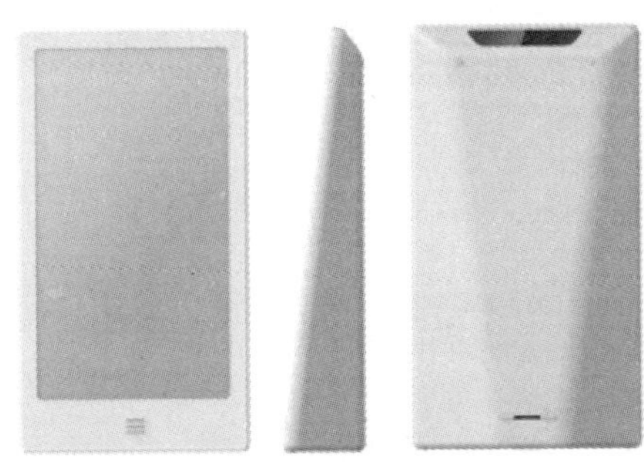

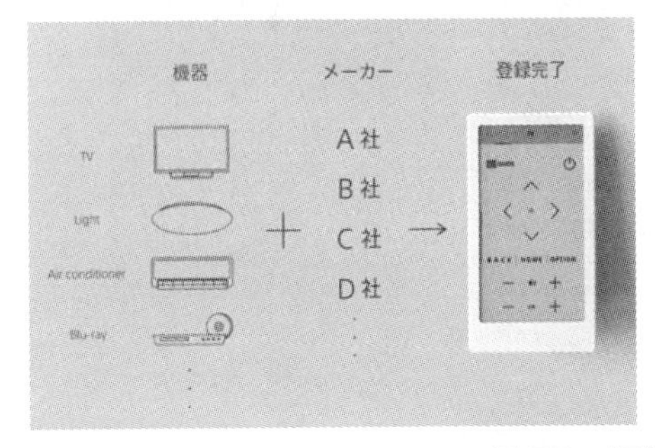

图 5.6　智能遥控器设计

冬天洗温水澡很容易用水过多，浪费资源。Hydrao 是一款能适配到标准水管上的智能浴头，内置 LED 灯、水量感应器以及水流发电装置，当洗澡用水达到 10 L 时，灯是蓝色；达到 30L 时则要变为红色，如图 5.7 所示。

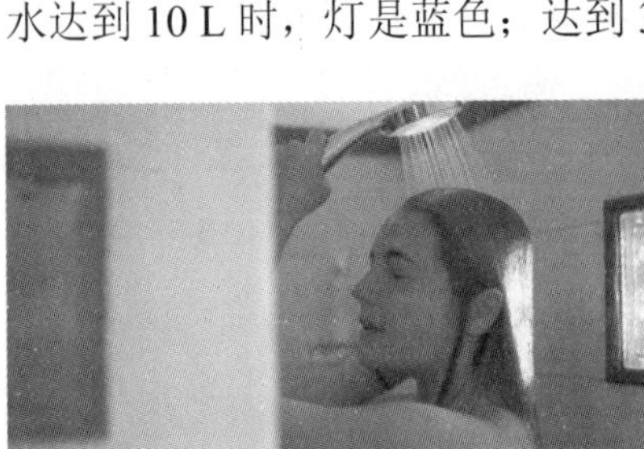

图 5.7　智能浴头设计

智能手机屏幕越来越大，虽然看着很爽，但有时候真是难以装入兜口。“Foldable DRAS Phone”手机拥有可折叠的屏幕，可根据需要使其缩小长度，增大厚度。而且，即使折叠之后，屏幕上仍可显示时间、电量、信号等基本信息，使用极为方便，如图 5.8 所示。

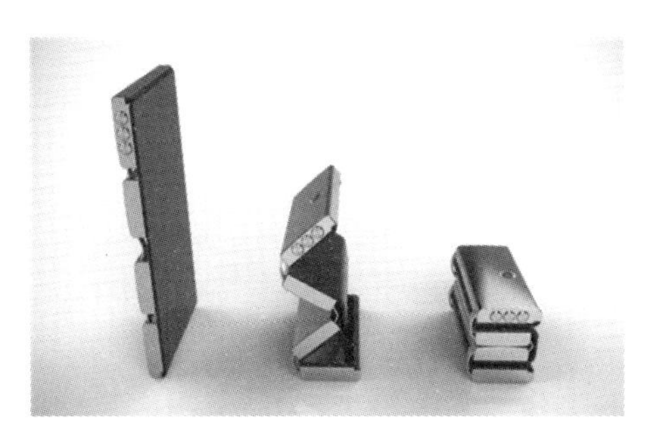

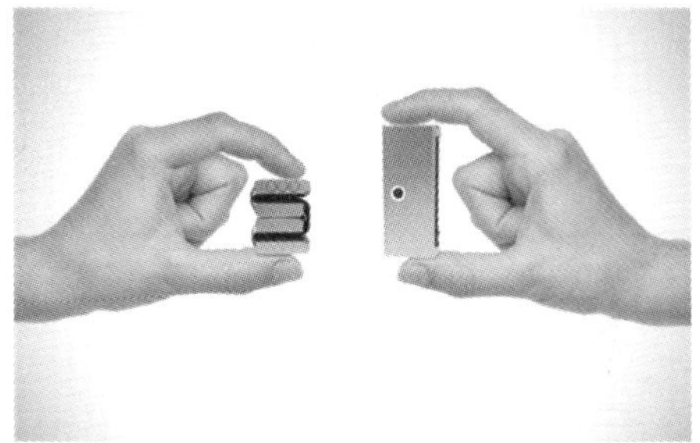

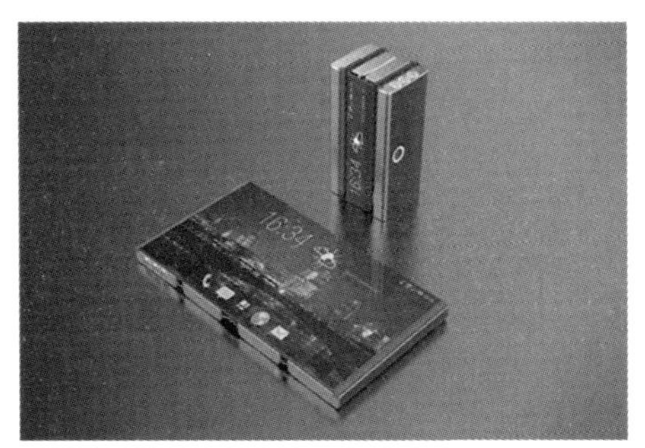

图 5.8　智能手机设计

设计师的一大财政支出便是耗材。如图 5.9 所示这款智能马克笔内置微型三原色墨盒，通过 APP 即可更换色系与色调，一支笔即可搞定所有绘画需要。

Qrio 是 Sony 推出的号称世界上最小的智能锁，只要把它对准机械锁的位置，直接贴附在门板上就可投入使用，安装简单，使用方便，用手机 APP 就能开关，而且可以把开锁密码通过社交网络分享给任何信任的人，如图 5.10 所示。

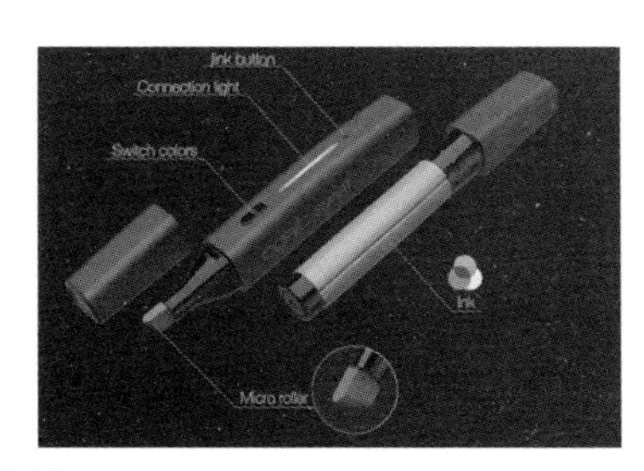

图 5.9　智能马克笔设计

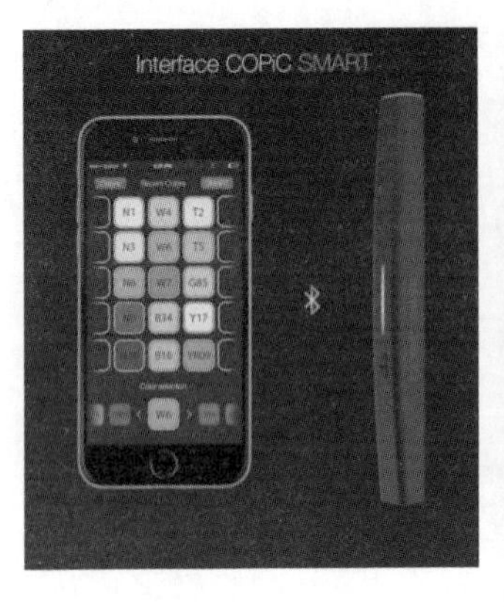

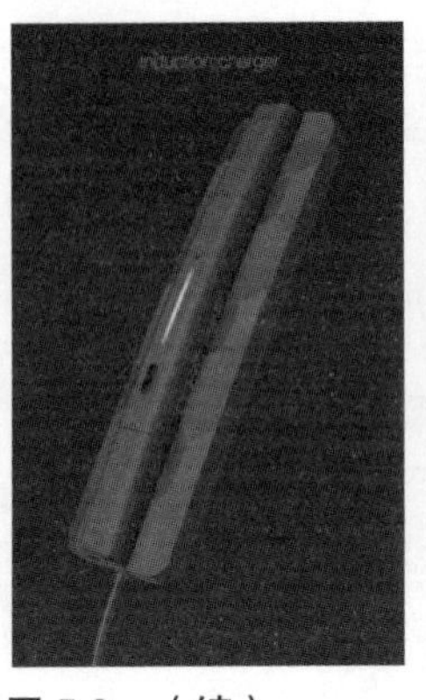
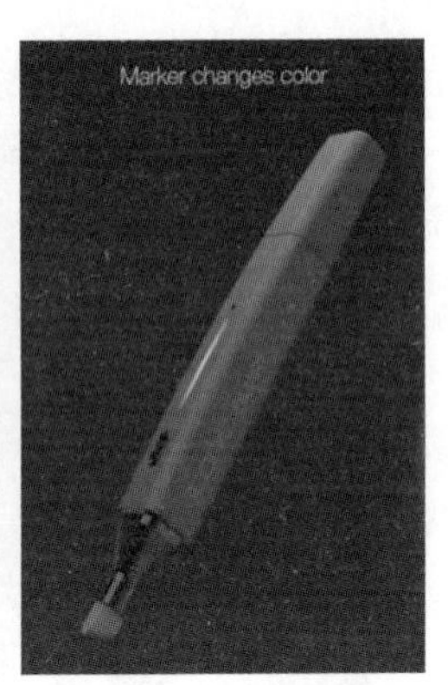

图 5.9 （续）

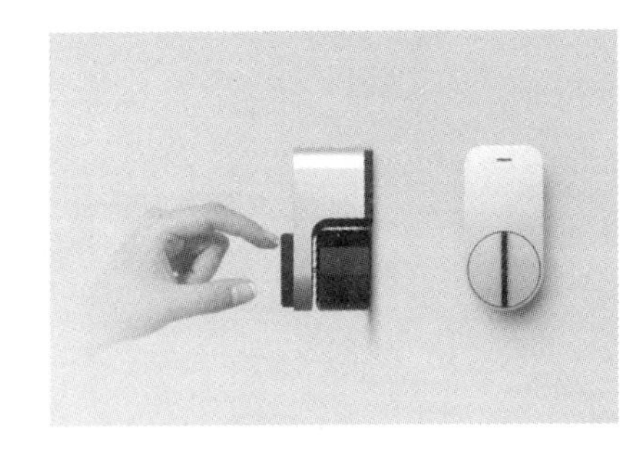

图 5.10 智能锁设计

如图 5.11 所示，这是一款来自韩国设计师设计的 Smart Fingers 智能指套，一开始，设计这款产品的设计师只是希望用手可以比画描述物体的具体大小，而随后发现，这款产品还可以测量距离。即通过简单的两指操作，即可轻松获取任意两点之间的距离。有了 Smart Finger 智能指套完全可以取代传统的卷尺，它可以快速简单地测量距离。测量距离的原理是通过指套上的计算光

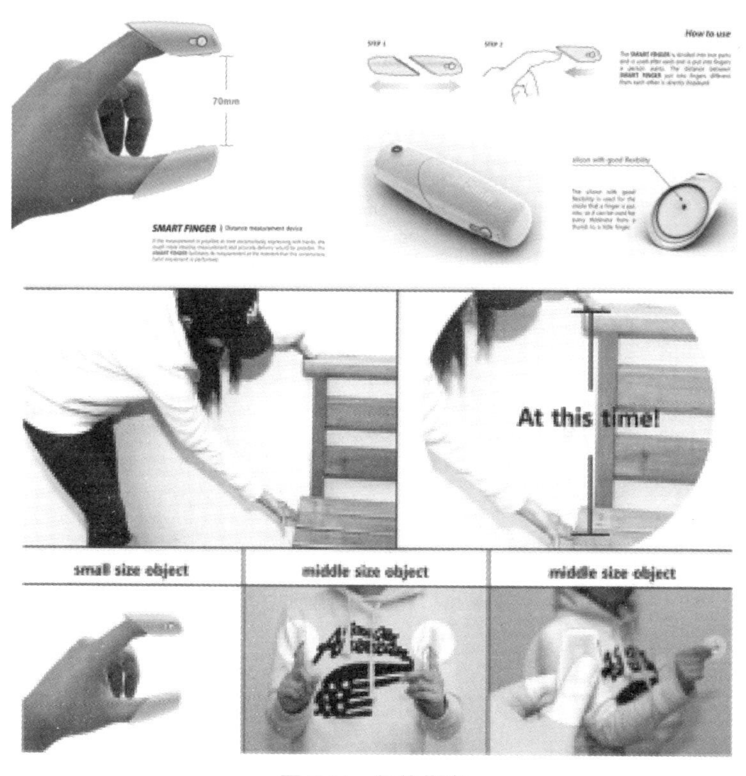

图 5.11　智能指套

束从一个指头到另一个指头耗费的时间作为基础来计算距离。无论测量多远的距离，只要按下测量器上面的按键就能保存数据，方便用户传输到计算机里。

除了宾得，佳能、尼康等相机厂商似乎仍旧热衷于纯黑的外观颜色，在这个“科技以换壳为本”的时代，摄影师手中的相机又该如何体现他们的个性与追求呢？为此，设计师提出了一个超前的设计理念，即随意更换外观壁纸的智能相机，相机外层的智能皮肤可随着用户选择图片壁纸的更换而变化，呈现与众不同的主题外观，如图 5.12 所示。

在家里种植花草或者蔬菜不仅需要耐心，更需要了解大量的栽培知识。如果你还是一个植物小白，那么如图 5.13 所示这根智能探测棒便是你的最佳助手。插在土壤里的探测棒会收集各种数据，包括太阳光照强度、湿度、温度、土壤营养程度等，再将其发送至手机端的应用程序中，经过简要分析之后，一些提示如何时浇花、何时施肥等便会推送至桌面，时刻提醒你不要忙着工作而忘了自己的小花园。

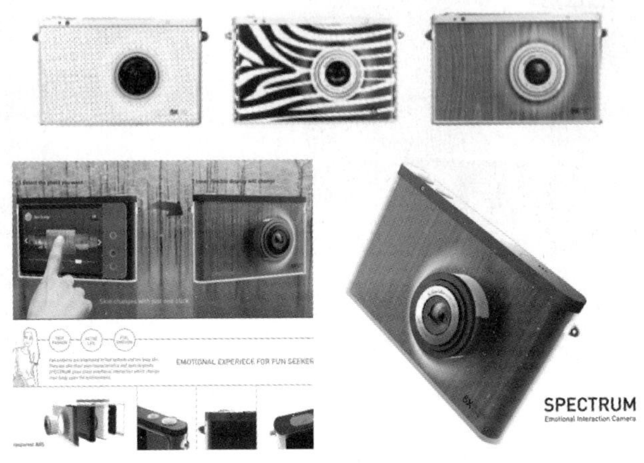

图 5.12 智能相机设计

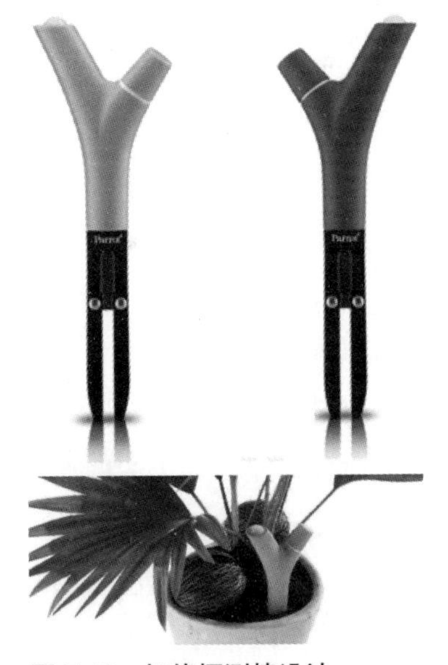

图 5.13 智能探测棒设计

Cowarobot R1 是一款正在 Indiegogo 上进行众筹的智能行李箱，内置传感器，能够自动跟随主人行走，让使用者可以解放双手，轻松上阵，如图 5.14 所示。其材质为聚碳酸酯，重量不到 5kg，时速约 7km，可承受 15° 左右的高低差，一次充电可行驶 20km 的距离。带有移动电源，可方便为手机等设备充电。当主人抓住拉杆，就可以自动切换手动模式，使用便捷。

图 5.14　智能行李箱

❸ 设计实践

实践一：笔者获奖作品——智能窗设计

你是否曾经在大晴天时，幻想过外面是浪漫的雨天？在酷暑的季节，是否幻想过感受秋天甚至冬天的环境氛围？或者由于城市的喧噪与生活的快节奏，自然离我们越来越远，而我们越来越向往呢？那么这里的窗户设计，便能使你在足不出户的情况下，主动地去感受森林，感受雨的气息，感受自然环境。它能够通过特殊的装置，使单调的室内环境丰富化。在双层的玻璃之间，可以在底部装置的控制下，形成雨水、冰花等，形成不同季节和天气的视觉效果，此外，该装置会依据用户选择的效果，释放相对应的空气分子和相应的音响效果，从听觉和嗅觉上，使模拟的环境更加逼真，从而全方位地体验自然环境和氛围，如图 5.15 所示。

实践二：笔者获奖作品——智能笔设计

如图 5.16 所示，智能笔的笔尖可以在任何地方书写，通过信息传输，将书写的笔画过程在智能笔的显示屏上呈现书写的文字。使用者随时随地书写记录信息，不需要纸张，增添使用乐趣的同时，在电脑打字的时代不忘记传统书写的笔画形式美。其造型可以弯曲，缠绕在手上方便携带。

The Intelligent Window
You can decide weather.
Choose this design window,even if it is a sunny day, you would have a rainy feeling indoors.
Intelligent window of this design can be applied to Coffee shop or restaurant. Customers can according to their own preferences to choose their own atmosphere. For example, if you want to enjoy a romantic date can make it appear the twilight scene; if you want to study there can make it appear the morning scene.
Dusk for a romantic date.
morning

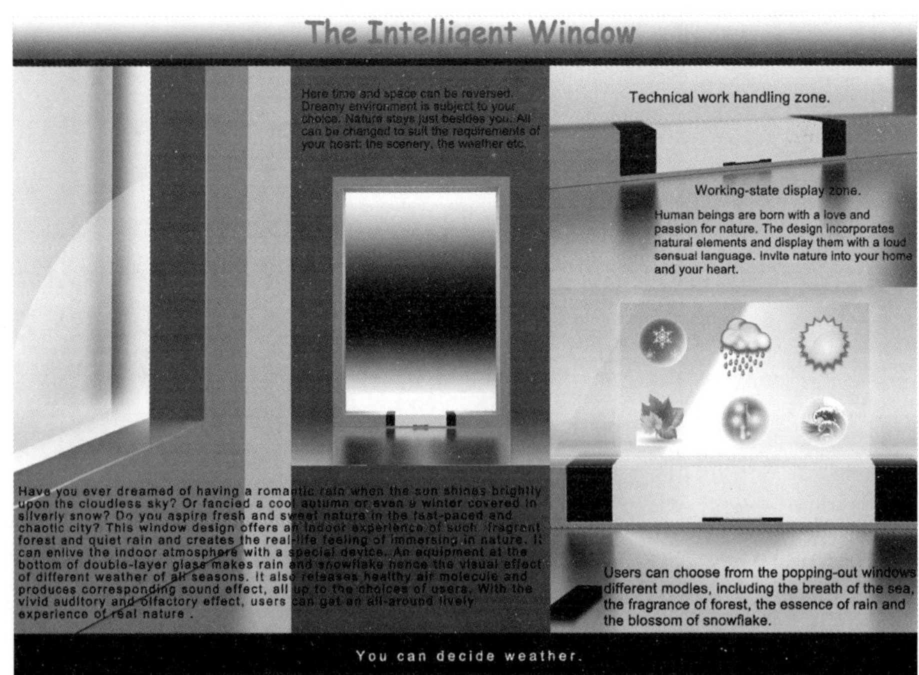
The Intelligent Window
Here time and space can be reversed. Dreamy environment is subject to your choice. Nature stays just besides you. All can be changed to suit the requirements of your heart: the scenery, the weather etc.
Technical work handling zone.
Working-state display zone.
Human beings are born with a love and passion for nature. The design incorporates natural elements and display them with a loud sensual language. Invite nature into your home and your heart.
Have you ever dreamed of having a romantic rain when the sun shines brightly upon the cloudless sky? Or fancied a cool autumn or even a winter covered in silverly snow? Do you aspire fresh and sweet nature in the fast-paced and chaotic city? This window design offers an indoor experience of such fragrant forest and quiet rain and creates the real-life feeling of immersing in nature. It can enlive the indoor atmosphere with a special device. An equipment at the bottom of double-layer glass makes rain and snowflake hence the visual effect of different weather of all seasons. It also releases healthy air molecule and produces corresponding sound effect, all up to the choices of users. With the vivid auditory and olfactory effect, users can get an all-around lively experience of real nature .
Users can choose from the popping-out windows different modles, including the breath of the sea, the fragrance of forest, the essence of rain and the blossom of snowflake.
You can decide weather.

图 5.15　智能窗设计

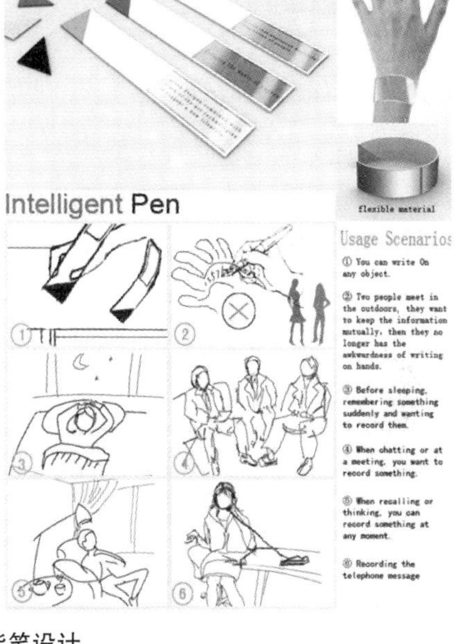

图 5.16　智能笔设计

❹ 设计练习

（1）列举三个在学习用具方面遇到的问题，寻找智能设计出发点。

（2）为小朋友设计的智能产品。

5.3　公共服务智能产品设计研究与实践

❶ 公共服务智能产品

公共服务产品主要体现在公共设施中，它是为群众提供公共服务的各种公共性、服务性设施。智能时代的到来，将公共服务产品变得更加人性化，对用户照顾的可以到无微不至。整个公共服务体系中，智能的植入从信息服务、问讯、物品寄存、邮局、快递、自动取款、电话、厕所、饮水点、垃圾桶、吸烟点等功能性设施到为老 / 弱 / 病 / 残 / 孕 / 幼六种群体提供特殊援助性设施等都是很好应用题材。

❷ 设计案例

虽然飞机节省了大部分旅途时间，但在上下飞机之前仍需花费大量时间去停车，如图 5.17 所示。巴伐利亚一家公司研发了 RAY 智能停车系统，只需要将车开进指定区域，剩下的工作就交给这辆灵活敏捷的叉车搬运底座即可。此停车系统能够接入飞机航班情况，可根据飞行计划选择合适的位置，并在下飞机之后将车子停到指定地点，如果有航班延误，还可以通过 APP 来告知，节省了大量宝贵时间。

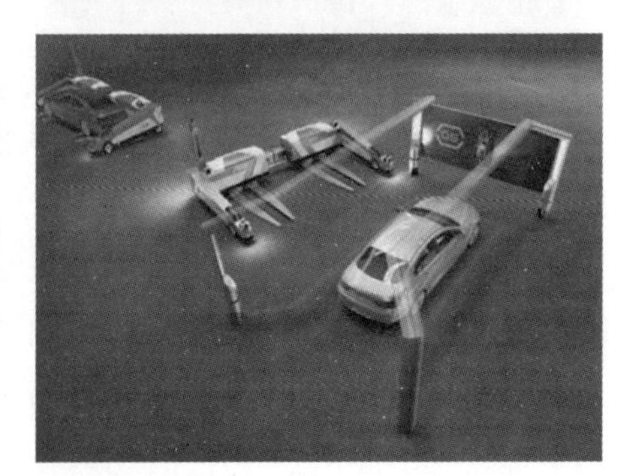

图 5.17　智能停车系统设计

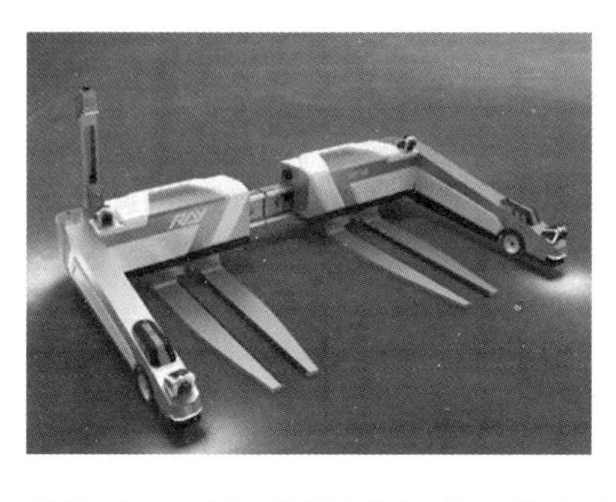

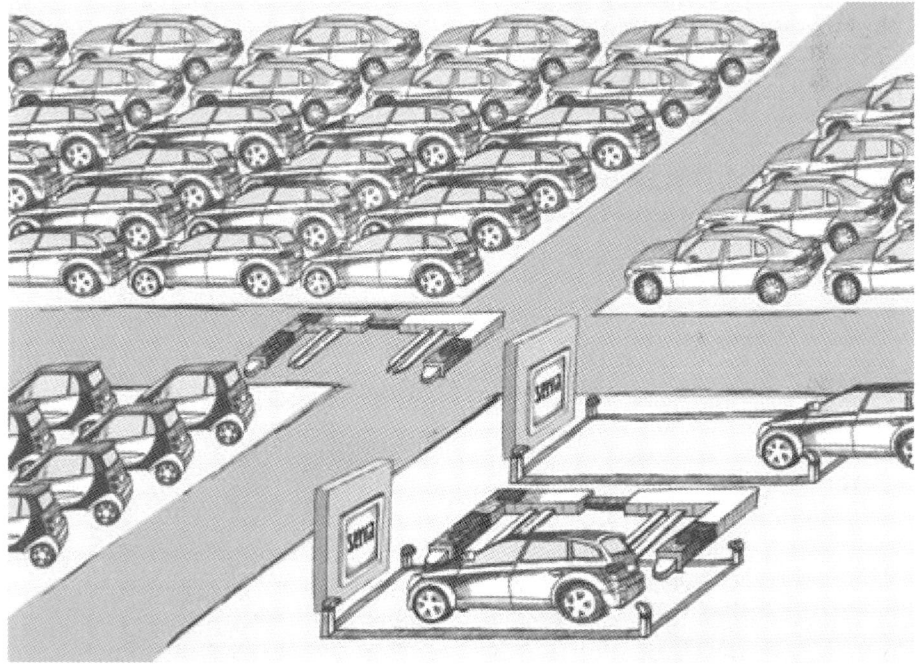

图 5.17 （续）

直接印在马路上的斑马线其实并不好使，如图 5.18 所示。这款智能电子斑马线嵌入地表，配有感应器来保证警示作用：当有行人踩上斑马线时，每个条纹都会亮起红色灯，明显地警示开车的司机要减速慢行；而在有雾天气，它们会亮起白灯，以便获得良好的视觉穿透力。

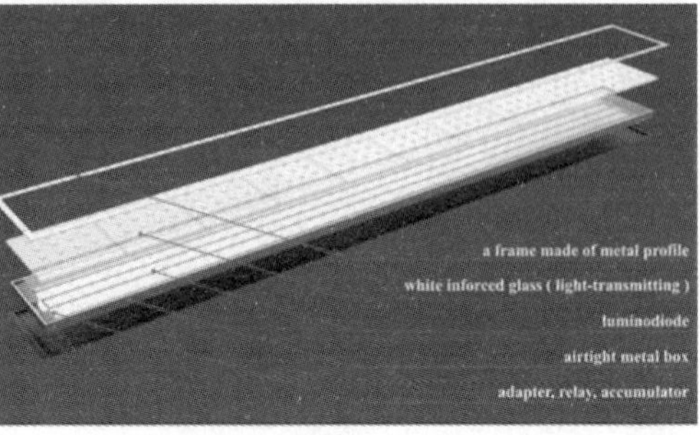

图 5.18　智能电子斑马线设计

纽约曼哈顿一家服装店在室内搭建了一间神秘小屋，这座透明玻璃小屋可帮助那些为挑选裤子而发愁不已的顾客提供一站式服务。只需在小屋内站10秒钟，光波检测仪通过测量顾客皮肤湿度便可获得顾客体型特征与相关信息，这之后机器会吐出一张条形码，扫描后顾客便看到哪些款式与品牌的裤子符合自己，再次筛选即可找到满意答案，如图 5.19 所示。此外，这些信息会永久保存于数据库中，方便顾客在不同地点随时调用。

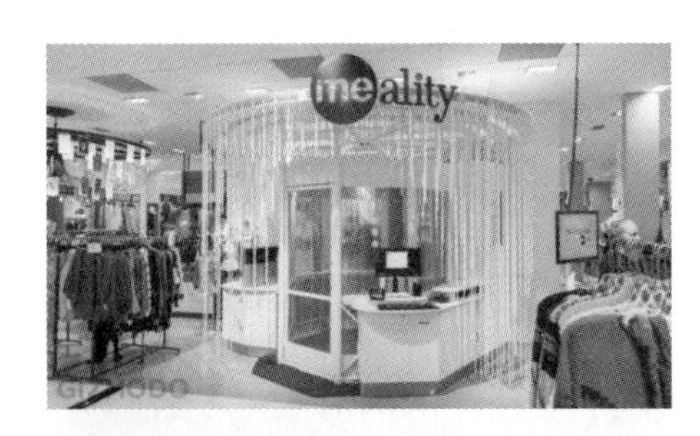

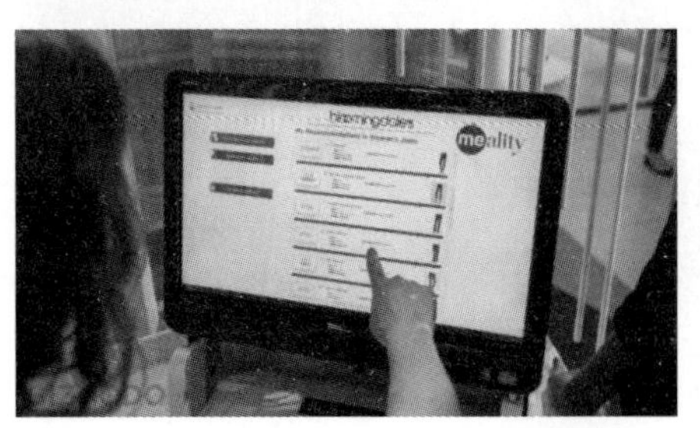

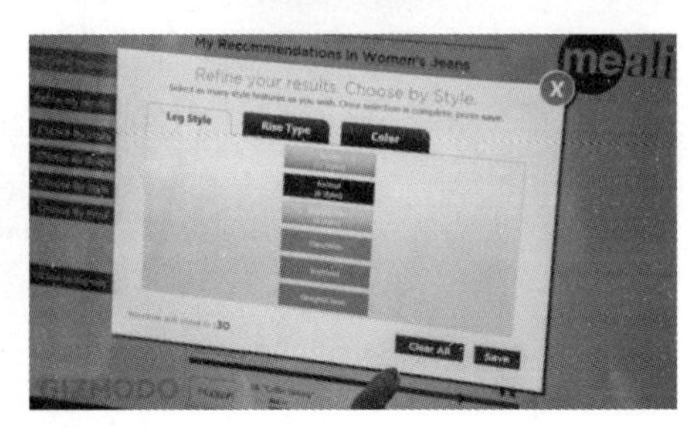

图 5.19　智能购物设计

❸ 设计实践

下面是笔者设计的停车楼。

随着人们生活水平的提高，越来越多的人购买汽车，停车位也越来越难找。由此设计了如图 5.20 所示这个停车楼，以解决停车难的问题。它由一个个空气球组成，将汽车停在这一个个球体中，既保护汽车又能节约占地面积，极大地方便了城市中的人们停车。

图 5.20　停车楼设计

图 5.20 （续）

the Air Bubbles in the Sky

Improving over the traditional form of parking way, this "parking building" is filled with interest. Through putting the automobiles into the air bubbles which are filled with hydrogen , it delivers the automobiles to the upper air depend on the hydrogen's buoyancy and the computer center's control..When a lot of those air bubbles are floating in this parking space, the scene is very magnificent and beautiful. Then the automobile has been separated from the ground and parked in airborne. Such three-dimensional parking way has greatly enhanced the parking space utilization, while beautifying the space environment.

图 5.20 （续）

The Air Bubbles
There is an inductor which connects with the computer center nearby the position of the air bubble.

图 5.20 （续）

❹ 设计练习

（1）列举身边公共设施的三个问题。

（2）设计一款公共智能设施。

5.4 交通工具智能产品设计研究与实践

❶ 交通工具智能化

交通工具智能化主要以汽车部分功能、电动平衡车、滑板车等为主要产品形式。此类产品以其新颖独特的高科技设计，以其呈现的优点有效解决一些问题，对满足人们的需求及社会发展起到积极促进作用。交通工具是现代人社会生活中不可缺少的一部分。随着时代的变化和科学技术的进步，我们周围的交通工具越来越多，给每一个人的生活都带来了极大的方便。

❷ 设计案例

RearVision 是一款无线倒车摄像头车牌架，上面装有两枚 180° 鱼眼镜头，与定制 APP 配合，让驾驶者在车中实时观察车后的全方位状况，并会及时预警，防止碰撞。架子上面内置的电池和太阳能充电板，确保每次都可正常使用，如图 5.21 所示。

Gogoro 号称世界上首辆智能电动车，它拥有一块智能显示屏，能够告诉驾驶者现在的电池情况与相关路况，配合特殊 APP，还拥有追踪路径、远程锁定等功能。这辆设计精良的电动车拥有先进的电池系统，城市里会为之配置充电站，只需更换电池就能继续上路行驶，如图 5.22 所示。

T-Scooter 是一款电动智能滑板车，在车把的正中央有一个智能手机放置槽，车主可以在骑行时通过智能手机随时获取路况信息，而无须从兜里掏出手机。此外，在车座的尾部还有一个无线摄像头，它通过无线与智能手机连接，便于车主随时获取身后的情况，如图 5.23 所示。

图 5.21　智能倒车设计

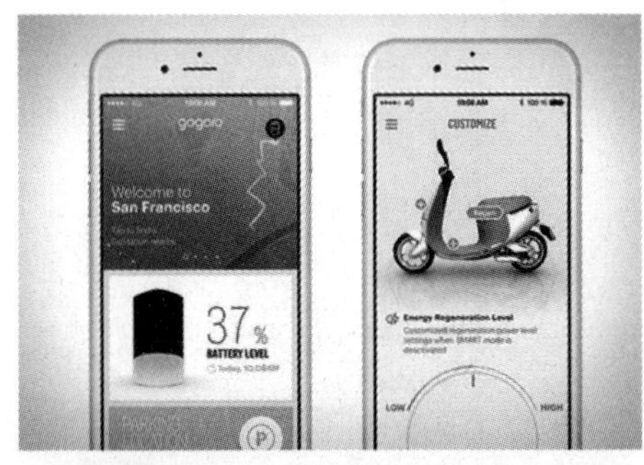

图 5.22　智能电动车设计

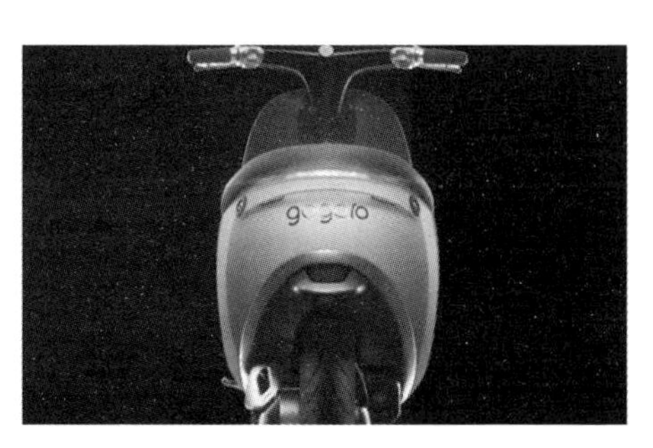

图 5.22 （续）

图 5.23　电动智能滑板车

❸ 设计实践

如图 5.24 所示为智能平衡车。

设计说明：

这款笔者指导学生设计的智能平衡车可以左右调节方向，能自动控制人体保持平衡，身体稍稍前倾就能前进。操作简单、高性能、先进的控制算法、众多传感器和高性能处理器，使它既灵活又容易驾驶，轻松应对常见路况，易携带，持久续航，采用木质踏板，绿色节能。

❹ 设计练习

（1）寻找两个代步工具的设计点。

（2）设计一款智能车载用品。

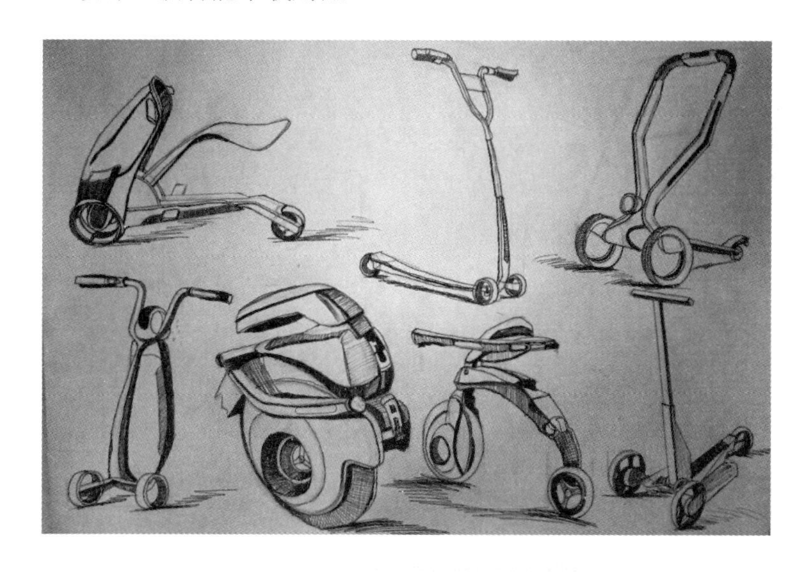

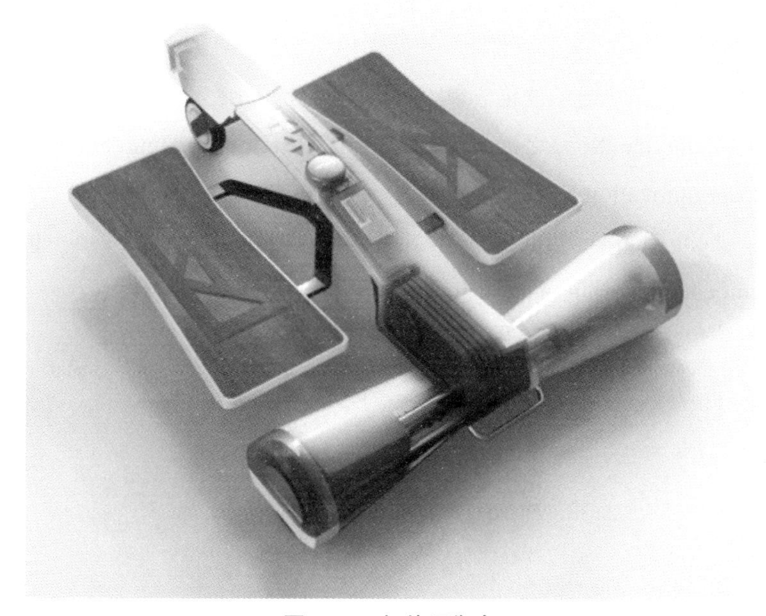

图 5.24　智能平衡车

参考文献

[1] [美] 唐纳德・A・诺曼 . 设计心理学 . 中信出版集团，2016

[2] [英] 彭妮・斯帕克 . 设计与文化导论 . 译林出版社，2012

[3] 任成元 . 师法自然的产品创意设计研究 . 河北大学学报（哲学社会科学版），2012

[4] Ren Chengyuan,Cai Chen.Sustainability of green product design teaching and research.ASSHM,2014

[5] [法] 博丽塔・博雅・德・墨柔塔 . 设计管理：运用设计建立品牌价值与企业创新 . 北京理工大学出版社，2012

[6] 任成元，郑建楠 .“农家乐”题材旅游文化纪念品设计研究 . 装饰 .2013

[7] 张福生 . 物联网：开启全新生活的智能时代 . 山西人民出版社 2010

[8] 原研哉 . 设计中的设计 . 广西师范大学出版社，2010

[9] 陆定邦 . 正创造 / 镜子理论 . 清华大学出版社，2015

[10] Ren Chengyuan,Song Qiance.Teaching Research of design elements used in product innovation.ERMM.2016

[11] Ren Chengyuan,Du Jinling.Study on how to cultivate the innovational thought of students majoring in art design.ICHSSR.2016

[12] 刘杰，段丽莎 . 产品设计基础 . 高等教育出版社，2007